Karnavel Kuppusamy
Rajkumar S.

Interface homem-máquina com software dedicado para a Recolha de Energia

Karnavel Kuppusamy
Rajkumar S.

Interface homem-máquina com software dedicado para a Recolha de Energia

Estudo e Desenvolvimento de Software Dedicado para Recolha de Energia usando Sensores

ScienciaScripts

Imprint

Cover image: www.ingimage.com

This book is a translation from the original published under ISBN 978-3-659-85386-9.

Publisher:
Sciencia Scripts
is a trademark of
Dodo Books Indian Ocean Ltd. and OmniScriptum S.R.L publishing group

120 High Road, East Finchley, London, N2 9ED, United Kingdom
Str. Armeneasca 28/1, office 1, Chisinau MD-2012, Republic of Moldova, Europe
Managing Directors: Ieva Konstantinova, Victoria Ursu
info@omniscriptum.com

Printed at: see last page
ISBN: 978-620-8-38745-7

ÍNDICE DE CONTEÚDOS

RESUMO

Quando os computadores pessoais (PC) nasceram, a única forma de lhes dar entrada era através de interfaces de hardware, e a única forma de perceber as saídas dos PCs era através de monitores ou ecrãs. Em muitos casos, a situação atual é praticamente a mesma. Mas hoje em dia, a interface homem-máquina (HMI) motivou muitos estudos para desenvolver sistemas e dispositivos capazes de transferir comandos analógicos do corpo do utilizador para as máquinas através de movimentos.

A evolução natural dotou os seres humanos de uma das interfaces mecânicas mais eficientes com o ambiente exterior: as mãos. As pessoas usam as mãos para interagir com ferramentas e outras pessoas todos os dias. Atualmente, as pessoas utilizam o movimento dos dedos da mão para gerar energia. Neste modelo, a energia é recolhida através dos movimentos dos dedos com o apoio de um microcontrolador, um sensor piezoelétrico e um acelerómetro de 3 eixos.

Em muitas acções de interface, o utilizador tem de rodar os movimentos dos dedos para gerar os vários valores dos eixos. Com base nos valores dos eixos, são criados sinais analógicos no modelo. Com o apoio do microcontrolador e do acelerómetro, o sensor gera os sinais eléctricos ao nível dos volts. Para gerar um nível elevado de energia com componentes em miniatura reduzidos, procede-se no modelo.

LISTA DE ABREVIATURAS

SYMBOL	ABBREVIATION
HMI	Human machine interaction
FEM	Finite element model
RF	Resonance frequency
CFBV	Closed-form boundary value
CEDRTL	Coupled electromechanical dynamic response of the transverse-longitudinal
PZT	Piezoelectric transducers
PEH	Power Energy harvesting
MOSFET	Metal Oxide Semiconductor field effect transistor
LCD	Liquid crystal display

CAPÍTULO 1

INTRODUÇÃO

A recolha de energia é o processo pelo qual a energia é obtida a partir de fontes externas. A energia é captada e armazenada para pequenos dispositivos autónomos sem fios, como os utilizados na eletrónica vestível e nas redes de sensores sem fios. Os dispositivos de captação de energia fornecem uma quantidade muito pequena de energia para a eletrónica de baixo consumo.

No passado, a interface homem-máquina (HMI) motivou muitos estudos para desenvolver sistemas e dispositivos capazes de transferir comandos analógicos do corpo do utilizador para as máquinas. No entanto, muitas soluções de conceção continuam a ser afectadas por limitações de conforto e desempenho devido a comunicações por fios, procedimentos de calibração longos, resistência aos movimentos das mãos e fontes de alimentação que requerem cabos ou baterias. O modelo protótipo tem potencial para ultrapassar algumas destas limitações graças à integração de materiais avançados, à miniaturização dos componentes e da eletrónica e à geração de energia através da recolha biomecânica de energia. Os movimentos da mão são utilizados para comunicar com a máquina através de um sistema de seguimento por LED.

As pessoas usam as mãos para interagir com ferramentas e outras pessoas todos os dias. Quase continuamente, enviamos mensagens e comandos com as mãos e, através das nossas mãos, percebemos o mundo que nos rodeia. Assim, não é surpreendente que a forma mais natural de interagir com as máquinas seja através da utilização direta das mãos, sem periféricos intermédios, como teclados, botões, ratos ou joysticks.

1.1 OBJECTIVO

Para gerar e armazenar a energia na bateria ou redistribuir para o ecrã através da bateria. Neste modelo, o acelerómetro de 3 eixos é utilizado para detetar o eixo de movimento e gerar energia durante os vários eixos com o movimento do dedo.

1.2 ÂMBITO DE APLICAÇÃO

A recolha de energia (EH) tem sido utilizada em muitos domínios, como o ambiente doméstico, as indústrias e a monitorização do ambiente. Os EHs têm atraído muita atenção tanto da indústria como das comunidades académicas. Ao incorporar as abordagens propostas durante a transferência de energia, obtém-se uma forma eficiente de gerar energia a baixo custo.

CAPÍTULO 2

PESQUISA BIBLIOGRÁFICA

- **Título : GoldFinger: Interface homem-máquina sem fios com software dedicado e sistema biomecânico de recolha de energia**

Autor : Giorgio De Pasquale, Sang-Gook Kim, Daniele De Pasquale **Publicação** : IEEE/ASME Transactions on Mechatronics, vol. PP,

Edição: 99 MAIO 2015

Conceitos discutidos

O protótipo de HMI que foi fabricado apresentou propriedades apreciáveis, tais como comunicação sem fios, elevado conforto de utilização, baixa resistência ao movimento dos dedos e tempos de descarga da bateria mais longos e/ou baterias mais pequenas devido ao sistema de recolha de energia[1]. Os transdutores piezoeléctricos integrados e os circuitos miniaturizados de retificação-nivelamento forneceram ao dispositivo um ciclo de funcionamento de aproximadamente 146,5.

Trabalho efectuado

A integração de colectores de energia piezoeléctrica permite um aumento da carga da bateria através dos movimentos da mão. A partir dos resultados (i.e., abertura-fecho repetitivo dos dedos), a potência média total gerada é de 31,9 µW (6,6, 8,5, 8,5 e 8,3 µW para cada dedo, de 2 a 5, respetivamente). Tendo em conta o consumo de energia da porta ótica (4,25 mW), o ciclo de funcionamento do sistema é de 133,2.

Identificação do problema

Ao incluir todas as fontes de consumo de energia eléctrica, o ciclo de funcionamento do sistema é de aproximadamente 146,5. Com o ciclo de funcionamento relatado e sem utilizar baterias, o emissor de luz poderia estar ativo durante 30 segundos por hora. Nesse caso, o desempenho energético do harvester é adequado para aumentar a carga da bateria e/ou reduzir o tamanho da bateria.

Ganho de conhecimento

A luva GoldFinger HMI pode interagir com a máquina através do canal de luz. Os comandos impostos pelo utilizador através do movimento da mão e da comutação da luz são processados pelo software dedicado e convertidos nas instruções lógicas correspondentes para o microcontrolador. Os comandos enviados pela luva correspondem a instruções codificadas específicas associadas aos gestos da mão.

Deméritos

A potência média total gerada é de 31,9 µW (6,6, 8,5, 8,5 e 8,3 µW para cada dedo, de 2 a 5, respetivamente). Considerando o consumo de energia da porta ótica (4,25 mW), o ciclo de trabalho operacional do sistema é de 133,2. A geração de energia é baixa com componentes de alto custo.

- **Título : Análise do desempenho da captação de energia para o bimorfo piezoelétrico de 15 modos em ligação em série com base no modelo de viga de Timoshenko**

Autor : Xuejun Zheng, Zhixiong Zhang, Yuankun Zhu, Jingling Mei, Shutao Peng, Lei Li e Yuangen Yu

Publicação : IEEE/ASME Transactions on Mechatronics, vol. 20, no. 2 ABRIL 2015

Conceitos discutidos

O modelo eletromecânico para avaliar o desempenho da recolha de energia do bimorfo piezoelétrico cantilever em modo de cisalhamento em ligação em série. As curvas tensão-frequência de pico de saída e potência-frequência de pico de saída são simuladas usando o modelo em diferentes resistências de carga [2].

Trabalho efectuado

As fontes ambientais são potenciais candidatas a substituir as fontes de energia existentes, como as baterias, que têm uma capacidade de armazenamento de energia e um tempo de vida limitados. A energia mecânica e a vibração podem ser encontradas em quase todo o lado e podem ser transformadas em energia eléctrica útil utilizando transduções electromecânicas. A grande maioria das transduções electromecânicas pode ser encontrada em sensores electrostáticos, electromagnéticos e piezoeléctricos.

Identificação do problema

O modelo de viga de um captador de energia em cantilever foi amplamente estudado, mas não foi apresentado um modelo analítico exato de um captador de energia piezoelétrico em cantilever no modo *d15* para vibrações transversais.

Ganho de conhecimento

A dependência da potência de pico de saída do captador de energia piezoelétrico com a massa de prova é analisada para uma determinada resistência de carga. As simulações sobre a dependência da frequência da tensão de pico de saída e da potência são estudadas com as do modelo de elementos finitos (FEM), a fim de verificar a validade do modelo.

Deméritos

As dependências da tensão de pico de saída e da potência em relação à resistência de carga são também discutidas com base no modelo proposto e no MEF, indicando que o valor máximo da tensão de pico de saída e da potência pode ser obtido em circuito aberto e com uma resistência de carga óptima quando o captador de energia piezoeléctrica funciona em ressonância.

- **Título : Um coletor de energia RF empilhado multibanda com uma eficiência RF-DC até 84%**

Autor : Véronique Kuhn, Cyril Lahuec, Fabrice Seguin, e Christian Person, Membro, IEEE

Publicações : IEEE Transactions on Microwave theory and Techniques, vol. 63, no. 5, MAIO 2015

Conceitos discutidos

O circuito de RF tem de recolher toda a energia potencial de RF presente e não pode ser concebido para um único tom de RF. O dispositivo de captação de RF concebido adiciona potências provenientes de um número ilimitado de bandas de sub-frequência [3]. Os rácios de tensão de saída do harvester aumentam com o número de bandas de RF.

Trabalho efectuado

O protótipo fabricado apresenta uma eficiência de conversão RF-dc de 84% a uma potência de entrada de 0 dBm definida em cada um dos quatro ramos de RF. A eficiência é mais do que duplicada na presença de todas as fontes de RF em comparação com uma rectena de tom único.

Identificação do problema

Os circuitos de captação de RF centram-se numa única frequência de funcionamento. As medições da captação de RF mostram que a captação de RF multibanda empilhada proposta é capaz de alimentar dispositivos electrónicos típicos.

O coletor de energia RF ambiente consiste em converter a energia RF recebida de fontes RF ambiente em energia DC. Estes captadores são designados por rectenas, ou seja, antenas de retificação.

Deméritos

O coletor de radiofrequências é colocado a 50 m de distância de uma estação de base GSM1800 e UMTS. Um dosímetro é colocado perto do coletor de radiofrequências. A densidade de potência de RF é medida em 1,2 mW/m e 375 W/m para as estações de base GSM1800 e UMTS, respetivamente.

- **Título : Modelação da resposta em frequência de captadores de energia piezoeléctricos electromecânicos utilizando métodos de valores de fronteira em forma fechada**

Autor : M. F. Lumentut e I. M. Howard

Publicações : IEEE/ASME Trans. Mech, vol. 19, no. 1, pp. 32-44, FEVEREIRO 2014

Conceitos discutidos

Os novos modelos analíticos de um bimorfo piezoelétrico, utilizando o método do valor de fronteira em forma fechada (CFBV), para prever a resposta em frequência de um gerador de energia eletromecânico [4]. As derivações da resposta dinâmica eletromecânica acoplada da forma transversal-longitudinal (CEDRTL) baseada no método CFBV foram desenvolvidas utilizando o método da forma forte reduzida do princípio Hamiltoniano.

Trabalho efectuado

A procura crescente de micro-recolhedores de energia é inevitável, uma vez que há cada vez mais dispositivos de redes de sensores autónomos que necessitam de energia auto-sustentada. Esta condição estimula o desenvolvimento de novos métodos de captação e armazenamento de energia utilizando baterias recarregáveis para alimentar estes dispositivos.

Identificação do problema

Várias abordagens analíticas, utilizando o método de Rayleigh-Ritz, obtiveram uma equação matricial condensada para analisar a resposta em frequência da recolha de energia com várias impedâncias de carga, estando os seus métodos novamente limitados a apenas um único modo de resposta em frequência.

Ganho de conhecimento

Quando a resistência de carga se aproxima do circuito aberto, a diferença entre CEDRTL e CEDRT tende a ser mais pronunciada. Por outro lado, os modelos CEDRTL e CEDRT tendem a sobrepor-se quando a resistência de carga se aproxima do curto-circuito. Os gráficos de Nyquist são utilizados para demonstrar a frequência de deslocação e as alterações de amplitude devido à resistência variável.

Deméritos

Isto resultará normalmente numa flexão acoplada e numa entrada longitudinal e, subsequentemente, numa resposta piezoeléctrica acoplada. Além disso, esta análise pode ser útil para a conceção de circuitos electrónicos de condicionamento de potência na aplicação de futuros dispositivos portáteis de recolha de energia para aplicações sem fios de sensores inteligentes.

- **Título: Um captador de energia piezoeléctrica para aplicações de movimento rotativo: Projeto e Experiências**

Autor: Farbod Khameneifar, Siamak Arzanpour e Mehrdad Moallem **Publicações:** IEEE/ASME transactions on mechatronics, vol. 18, no. 5. OUTUBRO 2013

Conceitos discutidos

A energia de vibração mecânica é induzida na viga flexível devido à força gravitacional aplicada à massa da ponta enquanto o cubo está a rodar. O transdutor piezoelétrico é utilizado para converter a energia de vibração mecânica induzida em eletricidade [6].

Trabalho efectuado

A resistência de carga e a potência máxima de saída são obtidas e validadas experimentalmente utilizando transdutores PVDF e PZT. O trabalho indica que é possível extrair uma potência máxima de 6,4 mW a uma velocidade de eixo de 138 rad/s utilizando um transdutor PZT com dimensões de 50,8 mm × 38,1 mm × 0,13 mm. Esta quantidade de energia é suficiente para fornecer energia a sensores sem fios típicos, como acelerómetros e extensómetros.

Identificação do problema

A variação do binário mecânico no cubo rotativo é grande, o risco de falha no coletor de PZT é superior ao do PVDF, uma vez que o PZT é frágil e o PVDF é altamente flexível.

Ganho de conhecimento

Para comparar a potência extraída do coletor de PVDF e do coletor de PZT, é necessário considerar condições físicas semelhantes em termos de massa da ponta e comprimento do feixe. O transdutor PVDF tem uma carga resistiva óptima maior do que o transdutor PZT (600 kΩ em comparação com 40 kΩ).

Deméritos

Envolvendo a utilização do conceito de impedância para a otimização da potência. O uso de mais de um harvester no cubo contribuiria para a geração de mais energia.

- **Título :Modelação e análise da impedância para sistemas de captação de energia piezoeléctrica**

Autores: Rui Zhang, Jing Shi, Yancho Zhang, XiaoXia Huang

Publicações: IEEE-ASME T. Mech, vol. 17, no. 6, pp. 1145-1157, DEZEMBRO 2012

Conceitos discutidos

Fornece a modelação e análise da impedância para os sistemas PEH com diferentes circuitos de interface, incluindo a recolha de energia padrão, a recolha de comutação sincronizada em paralelo no indutor e a recolha de comutação sincronizada em série no indutor [7].

Trabalho efectuado

É discutida a diferença entre a rede de impedância equivalente PEH e a rede de impedância convencional. A potência recolhida é investigada com base nesta análise de impedância.

Identificação do problema

Devem ser abordadas várias questões antes de utilizar o conceito de impedância para a otimização da potência recolhida.

Ganho de conhecimento

O fluxo de energia dentro do sistema PEH, o objetivo da otimização da potência colhida foi clarificado em termos de impedância.

Deméritos

A otimização da potência foi realizada com o método numérico nesta análise. As experiências mostraram que a análise baseada na impedância pode modelar a dinâmica de um sistema PEH com excitação de base e prever corretamente a potência máxima recolhida.

- **Título : Modelação dos efeitos do acoplamento eletromecânico no armazenamento de energia através da captação de energia piezoeléctrica**

Autor : M.Wickenheiser, T. Reissman, W.-J.Wu, e E. Garcia

Publicação : IEEE/ASME Transactions on Mechatronics, VOL. 15, NO. 3, JUNHO 2010

Conceitos discutidos

O presente documento centra-se na comparação dos efeitos de diferentes graus de acoplamento eletromecânico em sistemas piezoeléctricos de captação de energia na dinâmica de carregamento de um condensador de armazenamento [17]. Para compreender o comportamento desta dinâmica, compara-se um transdutor cuja dinâmica vibracional é muito pouco afetada pela extração de energia eléctrica com um transdutor que apresenta um forte acoplamento eletromecânico.

Trabalho efectuado

Dois feixes com uma grande diferença no acoplamento eletromecânico foram testados experimentalmente e mostraram corresponder a estes modelos. Estes modelos indicam que o modo de excitação fixa, mais complexo, não é necessário para prever com exatidão as caraterísticas de feixes fracamente acoplados.

Identificação do problema

Os transdutores são feixes piezoeléctricos cantilever submetidos a uma excitação de base cuja energia eléctrica recolhida é utilizada para carregar um condensador de armazenamento. A dinâmica transiente do sistema acoplado é estudada em pormenor, com ênfase nas suas curvas de potência de carga e no tempo necessário para carregar o condensador de armazenamento até uma determinada tensão.

Ganho de conhecimento

Um transdutor cuja dinâmica vibracional é muito pouco afetada pela extração de energia eléctrica é comparado com um transdutor que apresenta um forte acoplamento eletromecânico. Ambos os transdutores são feixes piezoeléctricos cantilever submetidos a uma excitação de base cuja energia eléctrica recolhida é utilizada para carregar um condensador de armazenamento. A dinâmica transiente do sistema acoplado é estudada em pormenor, com ênfase nas suas curvas de potência de carga e no tempo necessário para carregar o condensador de armazenamento até uma determinada tensão.

Deméritos

Este modelo tem em conta a redução da amplitude de vibração durante o carregamento devido à energia extraída do movimento da viga. Assim, não prevê excessivamente a taxa de carga como o faz o modelo de amplitude fixa.

- **Título : Eletrónica de captação de energia para dispositivos vibratórios em sensores auto-alimentados**

Autor : P. C.-P. Chao

Publicação : IEEE SENSORS JOURNAL, VOL. 11, NO. 12, DEZEMBRO 2011

Conceitos discutidos

Este artigo centra-se na ideia de que a captação de energia é aplicável a sensores que são colocados e operados em algumas entidades durante um longo período de tempo, ou incorporados em estruturas ou corpos humanos, em que é problemático ou prejudicial substituir as baterias do módulo sensor. Estes sensores são normalmente designados por "sensores auto-alimentados"[18].

Trabalho efectuado

Para a recolha de vibrações, é necessário um circuito de condicionamento de potência delicadamente concebido para armazenar o máximo possível da potência de saída do dispositivo numa bateria. A conceção deste condicionamento de potência tem de ser coerente com as caraterísticas eléctricas do dispositivo e da bateria, de modo a obter a máxima transferência de potência e eficiência.

Identificação do problema

Os circuitos de condicionamento de energia foram classificados como utilizando carga direta, conversor de modo de comutação ou condensadores comutados. Os conversores de modo de comutação foram ainda divididos em conversores com um indutor entre o dispositivo de captação e um retificador ou sem ele.

Ganho de conhecimento

A conceção deste condicionamento de potência tem de ser coerente com as caraterísticas eléctricas do dispositivo e da bateria, de modo a obter a máxima transferência de potência e eficiência. Este estudo oferece uma visão geral sobre vários circuitos electrónicos de condicionamento de potência concebidos para dispositivos de colheita vibratória e as suas aplicações a sensores auto-alimentados.

Deméritos

As técnicas de potência e as suas variantes posteriores oferecem eficiência. No entanto, no que diz respeito à compacidade dos módulos realistas, os conversores do tipo condensador comutado com um microprocessador apresentam vantagens claras. Foram também comunicados vários módulos de sensores auto-alimentados, principalmente para sensores e redes sem fios.

- Título : Circuito de captação de energia piezoeléctrica adaptável para alimentação remota sem fios

Autor : G. K. Ottman, H. F. Hofmann, A. C. Bhatt, e G. A. Lesieutre

Publicações : IEEE TRANSACTIONS ON POWER ELECTRONICS, VOL. 17, NO. 5, SETEMBRO 2002

Conceitos discutidos

Recolha de energia eléctrica a partir de um elemento piezoelétrico excitado mecanicamente. Um dispositivo piezoelétrico vibratório difere de uma fonte de energia eléctrica típica por ter uma impedância de fonte capacitiva em vez de indutiva, e pode ser acionado por vibrações mecânicas de amplitude variável [19].

Trabalho efectuado

Prevê-se que a taxa de carga continue a melhorar a níveis de excitação mais elevados. A flexibilidade do controlador permite que o circuito de captação de energia seja utilizado em qualquer estrutura vibratória, independentemente da frequência de excitação, desde que possa ser ligado um elemento piezoelétrico.

Identificação do problema

O fluxo de energia ótimo de um dispositivo piezoelétrico rectificado é derivado e é proposto um circuito de "recolha de energia" que pode atingir este fluxo de energia ótimo. O circuito de captação é composto por um retificador AC-DC com um condensador de saída, uma bateria eletroquímica e um conversor DC-DC comutado que controla o fluxo de energia para a bateria.

Ganho de conhecimento

É utilizada uma técnica de controlo adaptativo para o conversor dc-dc para implementar continuamente a teoria de transferência de energia óptima e maximizar a energia armazenada pela bateria.

Deméritos

A corrente produzida pelo elemento piezoelétrico rectificado pode ser relacionada com a alteração da tensão do elemento através da capacitância do dispositivo durante o intervalo de comutação.

- **Título : Comparação de dispositivos piezoeléctricos de captação de energia para recarga de baterias**

Autor : H. A. Sodano, D. J. Inman, e G. Park

Publicações : Journal of Intelligent Material Systems and Structures, 16(10), 799807, 2005

Conceitos discutidos

Os materiais piezoeléctricos podem ser utilizados como meio de transformar as vibrações do ambiente em energia eléctrica que pode ser armazenada e utilizada para alimentar outros dispositivos. Com o recente aumento dos dispositivos de microescala, a geração de energia piezoeléctrica pode constituir uma alternativa conveniente às fontes de energia tradicionais utilizadas para operar determinados tipos de sensores/actuadores, telemetria e dispositivos MEMS.

Trabalho efectuado

Para substituir as fontes de alimentação finitas utilizadas para estas aplicações, é necessária a capacidade de captar a energia ambiente que rodeia os componentes electrónicos. Os materiais piezoeléctricos constituem um método conveniente de captar a energia de vibração que normalmente se perde e de a converter em energia eléctrica utilizável.

Identificação do problema

Isto mostra a necessidade de métodos para acumular a energia gerada até que uma quantidade suficiente esteja presente. Normalmente, o meio de armazenamento utilizado tem sido o condensador, mas o condensador não é um bom candidato porque só pode fornecer rajadas curtas de energia.

Ganho de conhecimento

A capacidade de três dispositivos piezoeléctricos diferentes para recarregar baterias de níquel-hidreto metálico de várias capacidades. Em primeiro lugar, a eficiência de cada dispositivo de captação de energia foi testada em diferentes condições de excitação para mostrar o desempenho relativo e permitir a comparação dos trabalhos.

Deméritos

Isto permite determinar o dispositivo piezoelétrico ideal e a bateria recarregável de capacidade para uma aplicação específica de captação de energia. Sem um método de armazenamento de energia mais eficaz do que o condensador, a captação de energia nunca se tornará uma fonte de alimentação viável em aplicações comerciais.

- **Título: Protótipo de sistema CMOS de recolha de energia eletrostática e carregamento de baterias**

Autores: E. O. Torres e G. A. Rinc'on-Mora

Publicações: IEEE Transactions on circuits and systems: regular papers, vol. 56, no. 9, setembro 2009

Conceitos discutidos

O circuito prototipado (que pré-carrega, detecta e sincroniza com um condensador de tensão variável limitada) e os resultados experimentais apresentados mostram que o sistema proposto de poupança de energia e de carregamento de baterias recolhe 9,7 nJ por ciclo a partir de uma variação de capacitância de 200 pF, ou seja, que a recolha de energia eletrostática a partir de vibrações é possível. [21].

Trabalho efectuado

O sistema obtém 9,7 nJ/ciclo investindo 1,7 nJ/ciclo, produzindo um ganho líquido de energia de aproximadamente 8 nJ/ciclo a uma média de 1,6 W (em aplicações típicas) por cada variação de 200 pF. Projetar e incluir perdas razoáveis no gate-drive e no controlador reduz o ganho líquido de energia para 6,9 nJ/ciclo a 1,38 W.

Identificação do problema

É difícil de conseguir quando as funções que consomem muita energia, como a telemetria, retiram a pouca energia disponível dos microdispositivos de armazenamento de energia, como as baterias de iões de lítio de película fina e/ou as células de combustível em microescala.

Ganho de conhecimento

Isto permite que o condensador variável conduza a carga de volta para a bateria quando a capacitância diminui, sincronizando efetivamente o circuito com as variações de capacitância que resultam em resposta a vibrações ambientais.

Deméritos

Aplicando técnicas de baixo consumo e de ciclo de funcionamento ao sistema de carregamento, de modo a que este exija pouca energia, a energia colhida pode repor de forma viável a energia total consumida pelo sistema, prolongando potencialmente a sua vida operacional indefinidamente sem recarga manual/externa ou ciclos de substituição da bateria.

- **Título : Utilização de piezocerâmicas como captadores de energia eléctrica em implantes instrumentados do joelho durante a marcha**

Autores: S. Almouahed, M. Gouriou, C. Hamitouche, E. Stindel, e C. Roux

Publicações: IEEE/ASME Transactions on Mechatronics, vol. 16, no. 5, pp. 799807, Out. 2011

Conceitos discutidos

Quantificar a energia eléctrica que pode ser recolhida por uma nova geração de implantes instrumentados do joelho durante a marcha normal. Esta geração de implantes do joelho é proposta para avaliar as distribuições anteroposterior e mediolateral in vivo da força tibiofemoral na placa de base da tíbia sem a necessidade de ser alimentada por uma fonte externa de energia [22].

Trabalho efectuado

A energia eléctrica recolhida pelos elementos piezoeléctricos pode então ser utilizada para alimentar um sistema de baixo consumo para aquisição, processamento e transmissão de dados. **Identificação do problema**

Há várias questões que devem ser abordadas antes de utilizar o conceito de implantação para a otimização da potência colhida.

Ganho de conhecimento

No que diz respeito à instabilidade pós-operatória do implante instrumentado do joelho, a alteração da posição do COP relativamente a uma posição de referência pode fornecer aos clínicos informações significativas sobre as distribuições ML e AP da força femoral ibio. Por conseguinte, isto ajuda a avaliar o desequilíbrio dos ligamentos colaterais, desde que os componentes da TKR estejam perfeitamente alinhados durante a ATJ.

Deméritos

A energia recolhida pelos elementos piezoeléctricos é apenas suficiente para alimentar o sistema de aquisição, processamento e transmissão de dados e não é suficiente para alimentar um dispositivo com um consumo de energia tão elevado.

- **Título: Um estudo dos sistemas baseados em luvas e suas aplicações Autor :** Laura Dipietro, Angelo M. Sabatini

Publicações: Aplicações IEEE Transactions on systems, man, and cybernetics JULHO 2008

Conceitos discutidos

Os sistemas baseados em luvas representam um dos esforços mais importantes para a aquisição de dados sobre o movimento das mãos. Embora existam há mais de três décadas, continuam a atrair o interesse de investigadores de domínios cada vez mais diversos.

Trabalho efectuado

O trabalho efectuado no documento para o progresso da tecnologia das luvas. Após a introdução das caraterísticas das luvas, o documento guia o leitor através de uma revisão histórica de 30 anos do campo, terminando com a tecnologia atual.

Identificação do problema

Analisa também as caraterísticas dos dispositivos, fornece um roteiro da evolução da tecnologia e discute as limitações da tecnologia atual e as tendências nas fronteiras da investigação.

Ganho de conhecimento

Fornecer aos leitores que são novos na área uma base para compreender a tecnologia dos sistemas de luvas e a forma como esta pode ser aplicada, ao mesmo tempo que oferece aos especialistas uma imagem actualizada da amplitude das aplicações em várias áreas da engenharia e das ciências biomédicas.

Deméritos

Isto resultará normalmente numa flexão acoplada e numa entrada longitudinal e, subsequentemente, numa resposta piezoeléctrica acoplada. Além disso, esta análise pode ser útil para a conceção de circuitos electrónicos de condicionamento de potência na aplicação de futuros dispositivos portáteis de recolha de energia para aplicações sem fios de sensores inteligentes.

- **Título: Circuito Optimizado de Captação de Energia Piezoeléctrica Utilizando Conversor Step-Down em Modo de Condução Descontínua**

Autores: Geffrey K. Ottman, Membro, IEEE, Heath F. Hofmann

Publicações: IEEE Transactions on Power electronics, vol.18, no. 2. MARÇO 2003

Conceitos discutidos

Um conversor regula o fluxo de potência do elemento piezoelétrico para a carga eletrónica desejada. A análise do conversor em modo de condução de corrente descontínua resulta numa expressão para a relação ciclo de trabalho-potência [14].

Trabalho efectuado

Utilizando parâmetros do sistema mecânico, do elemento piezoelétrico e do conversor, é possível determinar o ciclo de funcionamento ótimo, em que a potência recolhida é maximizada para o nível de excitação mecânica.

Identificação do problema

A variação do binário mecânico no cubo rotativo é grande, o risco de falha no coletor de PZT é superior ao do PVDF, uma vez que o PZT é frágil e o PVDF é altamente flexível.

Ganho de conhecimento

Este circuito mostra que, à medida que a magnitude da excitação mecânica aumenta, o ciclo de funcionamento ótimo torna-se essencialmente constante, simplificando grandemente o controlo do conversor abaixador.

Deméritos

No circuito apresentado, o ciclo de funcionamento experimental ótimo mostrou uma excelente concordância com o valor teórico de 2,81%. Utilizando um esquema de controlo simplificado para implementar isto, o conversor abaixador colheu energia a uma taxa 3 vezes superior à do carregamento direto da bateria.

- **Título : A luva de gravação: Um dispositivo de introdução de texto baseado numa luva**

Autores: Robert Rosenberg e Mel Slater

Publicações: IEEE Transactions on Systems, man, and Cybernetics-part c: Applications and reviews, vol. 29, no. 2, MAIO 1999

Conceitos discutidos

As teclas de um teclado de acordes são montadas nos dedos de uma luva. Um acorde pode ser feito pressionando os dedos contra qualquer superfície. Os botões de mudança colocados no dedo indicador permitem que a luva introduza o conjunto completo de caracteres ASCII. [15].

Trabalho efectuado

O mapa de chaves pode ser guardado na memória, mas é necessário efetuar outra experiência para o comprovar. Foi demonstrado que a luva de gravação permite que os utilizadores introduzam texto sem qualquer supervisão visual, e pode ser possível melhorar ainda mais este aspeto adicionando feedback áudio ou tátil.

Identificação do problema

Devem ser abordadas várias questões antes de utilizar o desempenho com base no acesso ao dispositivo.

Ganho de conhecimento

As três partes utilizadas na luva de acordes, tais como sensores de dedo, botões de mudança de direção e teclas de função.

Deméritos

A luva de cordas pode ser modificada para utilização num ambiente virtual. Seria simples combiná-la com uma interface de luva de realidade virtual existente.

CAPÍTULO 3

RECOLHA E ARMAZENAMENTO DE ENERGIA

3.1 ANÁLISE DO SISTEMA

3.1.1 Definição do problema

Para melhorar o desempenho e a geração de tensão de alto nível com a ajuda dos movimentos dos dedos e do microcontrolador.

3.1.2 Sistema atual

Interface homem-máquina (HMI) suportada por energia biomecânica, sensores sem fios, transdutores piezoeléctricos, a energia colhida poderia ser utilizada para alimentar actuadores de feedback de força ou dispositivos inovadores em vez de portas de comunicação. A geração de energia eléctrica a partir do corpo humano demonstrada pelo Gold Finger abre perspectivas interessantes para as interfaces homem-máquina e homem-eletrónica.

Desvantagens

- A produção de energia eléctrica é baixa.
- O desempenho é baixo em comparação com o novo.
- O custo é elevado.

3.1.3 Sistema proposto

O sistema deve gerar energia a partir do movimento do dedo e, em seguida, a energia gerada é distribuída para a bateria recarregável. Um acelerómetro é ligado ao dedo para detetar o eixo do movimento do dedo, que é apresentado no ecrã LCD do microcontrolador.

Vantagens

- Gera uma grande quantidade de energia eléctrica com o apoio de um microcontrolador.
- O sinal digital puro será gerado com o apoio do conversor MOSFET.
- O desempenho do sistema é alcançado através do armazenamento da tensão gerada frequentemente antes de armazenar a energia na bateria.
- Com baixo custo, o sistema gera energia elevada.

3.2 ANÁLISE DE REQUISITOS

3.2.1 Requisitos funcionais

Sistema

O sistema proposto mostra a relação entre o utilizador (movimento do dedo), a geração de sinal analógico, o MOSFET e a bateria com o apoio do microcontrolador, que armazena a energia eléctrica e a guarda na bateria. O LED do microcontrolador mostra o nível de tensão da energia eléctrica.

Requisitos do utilizador

O utilizador dá os movimentos do dedo ao acelerómetro. Após o movimento do dedo, o acelerómetro de 3 eixos e o sensor de potência geram o sinal analógico e, em seguida, recebem o sinal analógico com a ajuda do conversor digital, o sistema gera o sinal digital. O conversor MOSFET produz o sinal digital puro e armazena a energia eléctrica na bateria com o apoio do microcontrolador.

Requisitos de comunicação

O sistema proposto terá de comunicar a geração de sinais digitais purificados sob a forma de tensão com componentes de baixo custo. O modelo para verificar o movimento do dedo para o controlador para gerar um alto nível de energia em comparação com o existente com um período de tempo específico.

Requisitos de interface

O conversor analógico-digital actua como uma interface entre o sinal analógico e o sinal digital e atribui o pedido de energia ao receber o movimento dos valores dos eixos. O conversor MOSFET actua como uma interface entre o sinal digital com ondulações e o sinal digital puro e encaminha o sinal digital para o armazenamento da bateria.

3.2.2 Requisitos não funcionais

Desempenho geral

Estes requisitos determinam os recursos a utilizar com a máxima utilização. O desempenho representa a redução do tempo de geração para o processamento do requisito. Gera uma grande quantidade de energia devido ao movimento de vários eixos de rotação com baixo custo.

Disponibilidade do sistema

A disponibilidade de um sistema é normalmente medida como um fator da sua fiabilidade e, à medida que a fiabilidade aumenta, a disponibilidade do sistema também aumenta. Na abordagem proposta, a aplicação está disponível para todos os utilizadores do sistema e é fácil de utilizar.

Segurança

São necessários requisitos de segurança para fundamentar os mecanismos de proteção do modelo e dos seus dados.

- Filtra as ondulações e produz um sinal digital purificado devido a cada movimento.
- Especificar os valores exactos de acordo com cada movimento dos dedos.

3.2.3 Análise de software

A especificação dos requisitos de software é produzida no culminar da tarefa de análise. O projeto centra-se principalmente na geração de armazenamento de energia através da interação homem-máquina com sensores e acelerómetro para o utilizador a partir do kit de circuitos utilizando a plataforma Embedded C. O sistema é desenvolvido utilizando Embedded C e Proteus como software e o kit de circuitos é utilizado como hardware para mostrar o nível de tensão ao utilizador.

C incorporado

A linguagem C incorporada é um conjunto de extensões para a linguagem de programação C criado pelo Comité de Normas C para resolver os problemas de uniformização que existem entre as extensões C para diferentes sistemas incorporados. Historicamente, a programação em C incorporada exige extensões não normalizadas da linguagem C para suportar caraterísticas exóticas, como a aritmética de ponto fixo, vários bancos de memória distintos e operações básicas de E/S.

A linguagem C incorporada exige que os compiladores criem ficheiros que serão descarregados para os microcontroladores/microprocessadores onde têm de ser executados. Os compiladores incorporados dão acesso a todos os recursos, o que não acontece com os compiladores para aplicações em computadores de secretária.

Os sistemas incorporados têm muitas vezes condicionalismos de tempo real, o que normalmente não acontece com as aplicações de computador de secretária. Os sistemas incorporados não dispõem muitas vezes de uma consola, que está disponível no caso das aplicações de secretária.

Proteus 8

O Proteus, desenvolvido pela Lab center Electronics, é um software com o qual pode facilmente gerar capturas esquemáticas, desenvolver PCB e simular microprocessadores. Tem uma interface tão simples mas eficaz que simplifica a tarefa a executar. Este aspeto atraiu muitos utilizadores a selecionar esta ferramenta entre muitas outras que oferecem os mesmos serviços.

Proteus proporciona um ambiente de trabalho poderoso. O utilizador pode conceber diferentes circuitos electrónicos com todos os componentes necessários facilmente acessíveis a partir da interface simples mas eficaz, como geradores de sinal, fonte de alimentação, resistência simples e um microcontrolador ou microprocessador diferente.

3.2.4 Especificação do hardware

Disco rígido	:	40 GB e superior
RAM	:	128 MB
Processador	:	Pentium IV 3 GHZ

3.2.5 Especificação de software

Plataforma	:	Proteus 8.0
Kit de ferramentas	:	placa de circuitos
Sistema operativo	:	Windows XP

CAPÍTULO 4

RECOLHA E ARMAZENAMENTO DE ENERGIA

4.1 RECOLHA E ARMAZENAMENTO DE ENERGIA

O utilizador envia os movimentos dos seus dedos através do acelerómetro de 3 eixos para o kit de circuitos para visualizar os valores dos eixos e armazenar os sinais analógicos e, em seguida, os sinais analógicos são frequentemente gerados e o sinal analógico é convertido em sinal digital com o apoio do conversor analógico-digital. O conversor MOSFET é utilizado para gerar os sinais digitais purificados com o apoio do microcontrolador. O sinal digital purificado sob a forma de tensão é armazenado na bateria e o nível de tensão é apresentado no ecrã LCD.

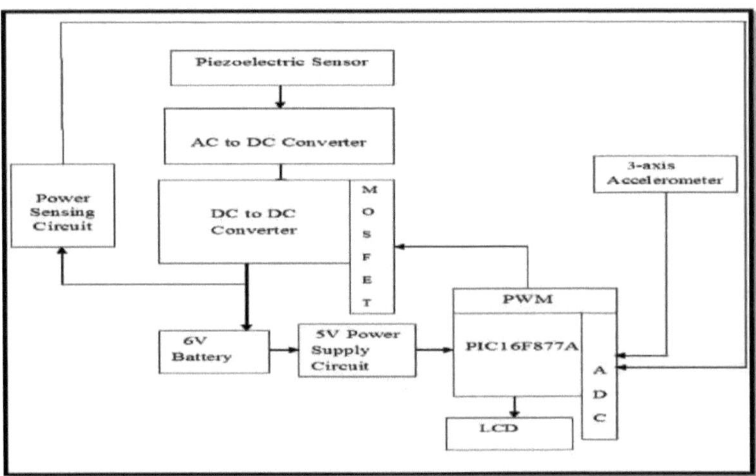

Fig 4.1 (a) Conceção geral da captação e armazenamento de energia

4.1.1 Processo de produção de energia

O utilizador envia o movimento do dedo como valores para o controlador. O controlador processa os dados e encaminha o pedido de dados para o kit de circuitos para visualizar os valores dos eixos e gerar os sinais analógicos. Com o apoio do microcontrolador, o conversor analógico-digital é utilizado para converter o sinal analógico em digital com ondulações. A onda quadrada é gerada para acionar o conversor MOSFET.

O conversor MOSFET é utilizado para filtrar as ondulações e produzir os sinais digitais purificados sob a forma de tensão. A tensão gerada será armazenada na bateria e o nível de tensão será apresentado na bateria LCD.

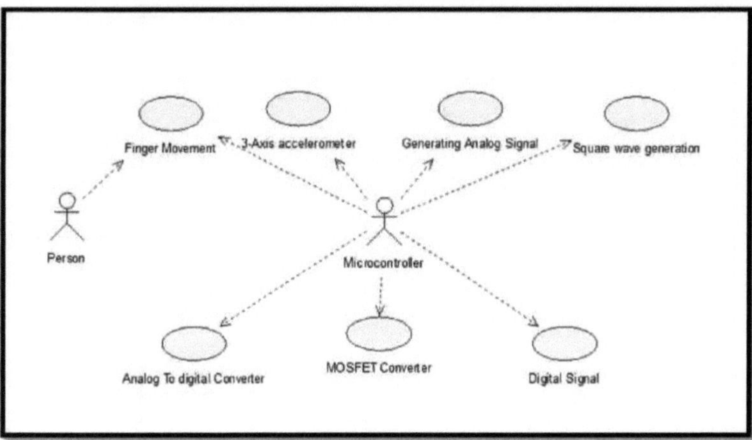

Fig 4.1 (b) Processo de produção de energia

4.1.2 Processo de armazenamento de energia

Os sinais digitais purificados serão produzidos pelo conversor MOSFET sob a forma de volts. Os volts serão armazenados numa bateria e funcionarão a partir daí. Caso contrário, os volts são utilizados no LCD para visualizar os volts. O ecrã LCD mostra o nível de volts gerado pela pessoa em cada movimento.

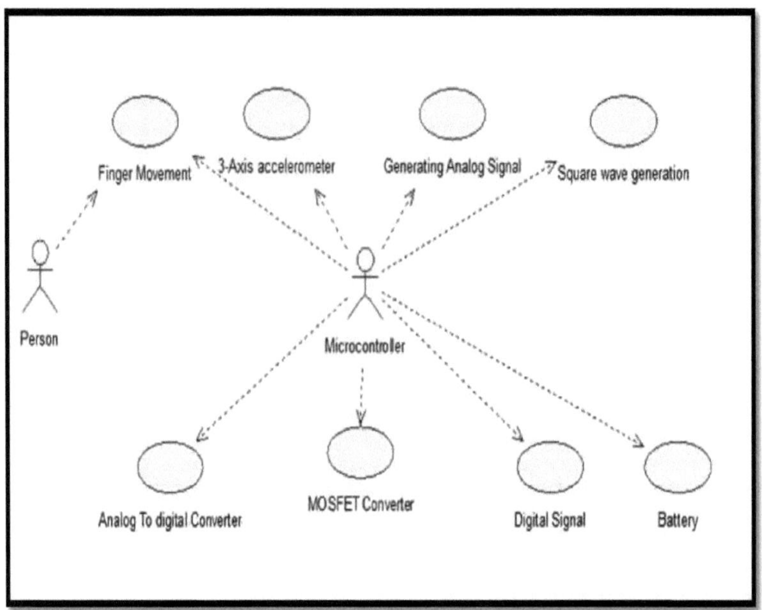

Fig 4.1 (c) Processo de armazenamento de energia

4.2 DIAGRAMAS UML

4.2.1 Diagrama de casos de utilização para produção e armazenamento de energia

Um diagrama de casos de utilização mostra a relação entre os actores e os casos de utilização. Os actores são:

- Utilizador
- Controlador

O utilizador envia o movimento do dedo como valores para o controlador. O controlador processa os dados e encaminha o pedido de dados para o kit de circuitos para visualizar os valores dos eixos e gerar os sinais analógicos. Com o apoio do microcontrolador, o conversor analógico-digital é utilizado para converter o sinal analógico em digital com ondulações. A onda quadrada é gerada para acionar o conversor MOSFET.

O conversor MOSFET é utilizado para filtrar as ondulações e produzir os sinais digitais purificados sob a forma de tensão. A tensão gerada será armazenada na bateria e o nível de tensão será apresentado na bateria LCD.

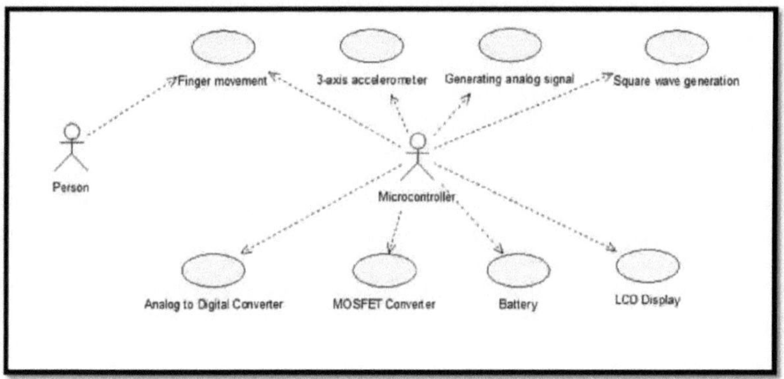

Fig 4.2.1 Diagrama de casos de utilização para produção e armazenamento de energia

4.2.2 Diagrama de classes para produção e armazenamento de energia

Um diagrama de classes é um tipo de diagrama de estrutura estática que descreve a estrutura de um sistema mostrando as classes do sistema, os seus atributos e as relações entre as classes. Na verdade, ele representa as classes criadas para implementação. Também indica a relação entre cada classe que foi criada.

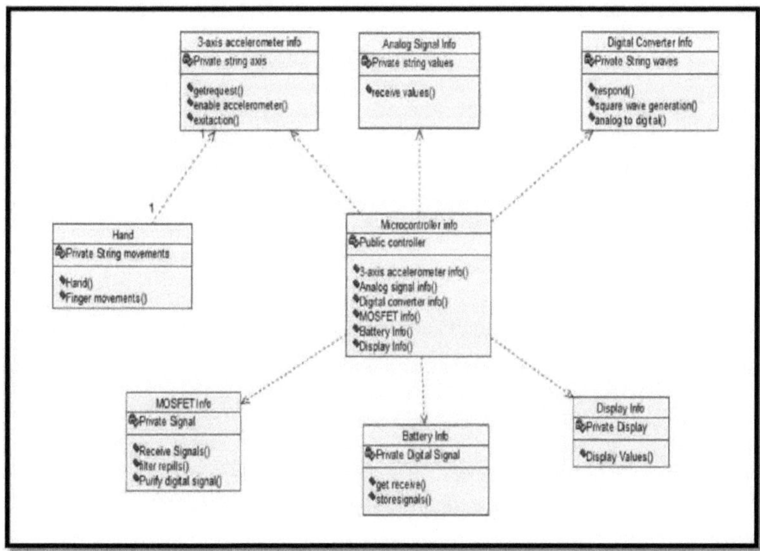

Fig 4.2.2 Diagrama de classes para produção e armazenamento de energia

4.2.3 Diagrama de sequência para produção e armazenamento de energia

O utilizador envia o movimento do dedo como valores para o controlador. O controlador processa os dados e encaminha o pedido de dados para o kit de circuitos para apresentar os valores dos eixos e gerar os sinais analógicos. Com o apoio do microcontrolador, é utilizado um conversor analógico-digital para converter o sinal analógico em digital com ondulações. O conversor MOSFET é utilizado para filtrar as ondulações e produzir os sinais digitais purificados sob a forma de tensão. A tensão gerada será armazenada na bateria e o nível de tensão será visualizado no LCD da bateria.

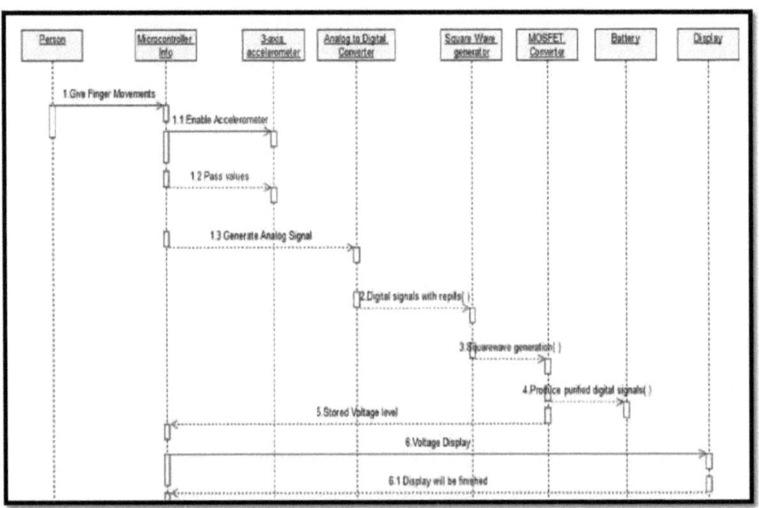

Fig 4.2.3 Diagrama de sequência para produção e armazenamento de energia

4.2.4 Diagrama de colaboração para a produção e armazenamento de energia

Um diagrama de Colaboração é muito semelhante a um diagrama de Sequência no que diz respeito à sua finalidade; por outras palavras, mostra a interação dinâmica dos objectos num sistema.

O utilizador envia o movimento do dedo como valores para o controlador. O controlador processa os dados e encaminha o pedido de dados para o kit de circuitos para visualizar os valores dos eixos e gerar os sinais analógicos. Com o apoio do microcontrolador, é utilizado um conversor analógico-digital para converter o sinal analógico em digital com ondulações. O conversor MOSFET é utilizado para filtrar as ondulações e produzir os sinais digitais purificados sob a forma de tensão. A tensão gerada será armazenada na bateria e o nível de tensão será apresentado no LCD da bateria.

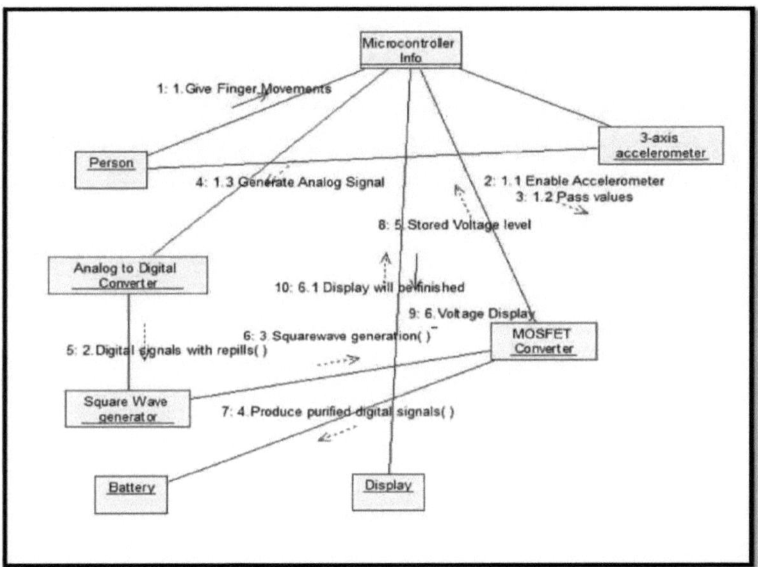

Fig 4.2.4 Diagrama de colaboração para produção e armazenamento de energia

4.2.5 Diagrama de actividades para a produção e armazenamento de energia

O diagrama de actividades é normalmente utilizado na modelação de processos empresariais para modelar a lógica capturada por um único caso de utilização ou cenário de utilização, ou para modelar a lógica detalhada de uma regra empresarial.

O utilizador dá a ação ao acelerómetro de 3 eixos. O acelerómetro de 3 eixos processa os dados e encaminha o pedido de dados para o kit de circuitos para apresentar os valores dos eixos e gerar os sinais analógicos. Para verificar se o movimento do dedo está correto, avance para o processo, caso contrário, pare o processo.

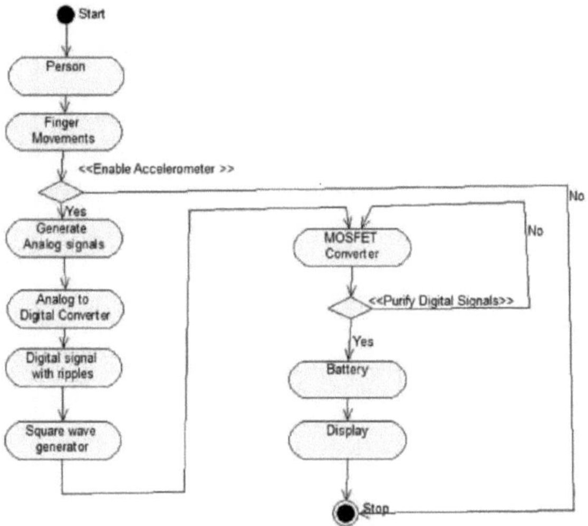

Fig 4.2.5 Diagrama de actividades para produção e armazenamento de energia

4.3 PROJECTO PORMENORIZADO DE PRODUÇÃO E ARMAZENAMENTO DE ENERGIA

O projeto será executado nos seguintes módulos.

- Geração de dados de entrada
- Geração de sinais analógicos
- Geração de onda quadrada
- Geração de sinais digitais
- Geração de tensão
- Gestão do armazenamento

4.3.1 Geração de dados de entrada

Diagrama de casos de uso

O utilizador envia o movimento do dedo como valores para o controlador. O controlador processa os dados e encaminha o pedido de dados para o kit de circuitos para apresentar os valores dos eixos e gerar os sinais analógicos.

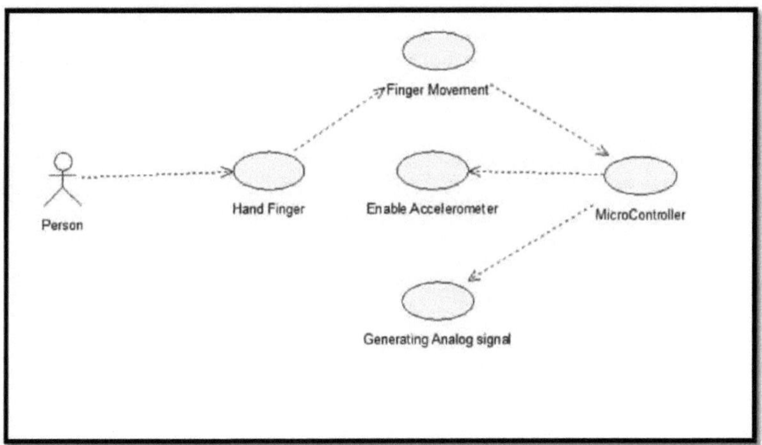

Fig 4.3.1 Processo de geração de dados de entrada

4.3.2 Geração de sinais analógicos

Diagrama de casos de uso

Ao receber os movimentos, a modulação por largura de pulso (PWM) é um método de alterar a duração de um pulso em relação à entrada. O ciclo de trabalho de uma onda quadrada é modulado para codificar um nível de sinal analógico específico.

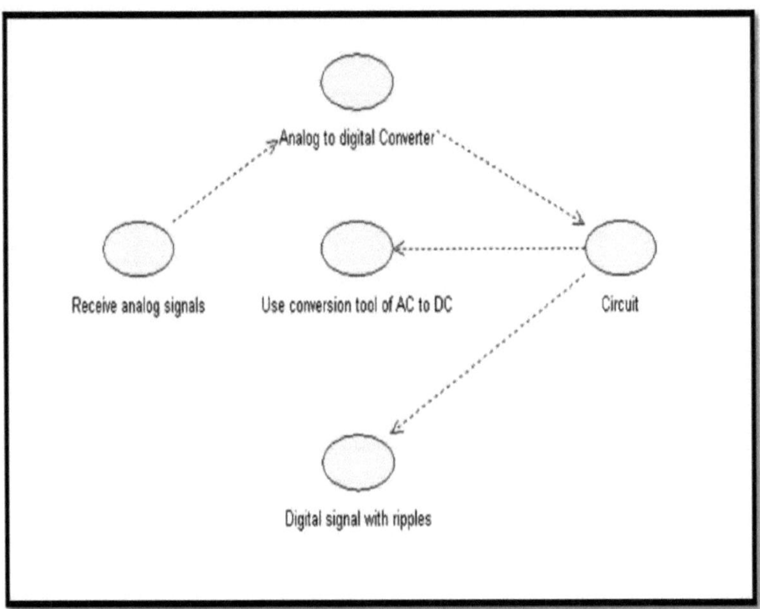

Fig 4.3.2 Geração de sinal analógico

4.3.3 Geração de onda quadrada

Diagrama de casos de uso

Os movimentos impostos pelo utilizador através do movimento da mão são gerados pelo sinal de onda quadrada com a ajuda do microcontrolador PIC. Como depende do sinal analógico, a onda quadrada pode ser gerada sob a forma de ondas. As ondas quadradas podem ser enviadas para o conversor digital.

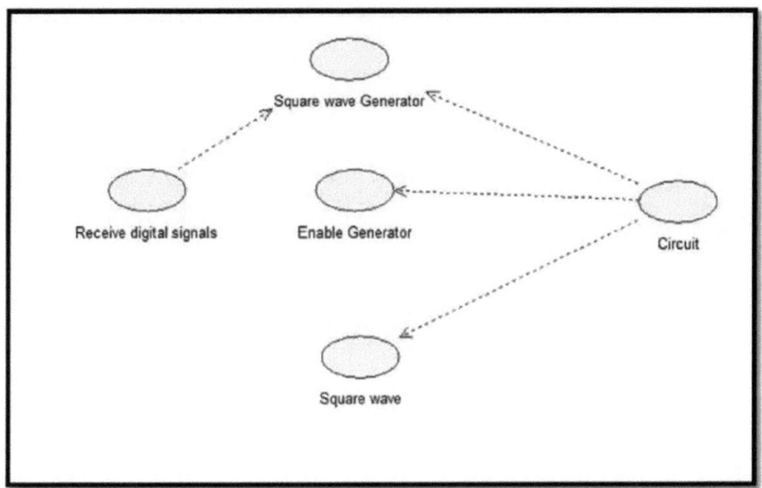

Fig 4.3.3 Processo de geração de onda quadrada

4.3.4 Geração de sinais digitais

Diagrama de casos de uso

Um conversor analógico-digital (ADC, A/D ou A a D) é um dispositivo que converte uma quantidade física contínua (normalmente tensão) num número digital que representa a amplitude da quantidade. Um ADC pode também fornecer uma medição isolada, como um dispositivo eletrónico que converte uma tensão ou corrente analógica de entrada num número digital proporcional à magnitude da tensão ou corrente. Um ADC fornece o sinal digital com ondulações.

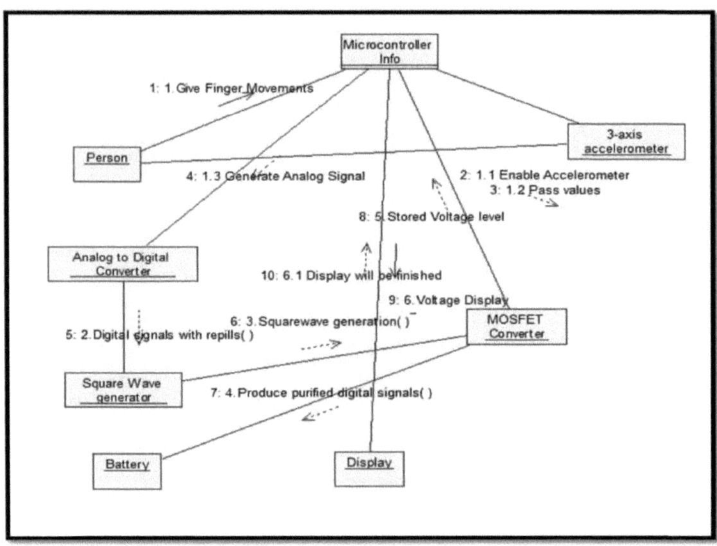

Fig 4.2.4 Diagrama de colaboração para produção e armazenamento de energia

4.3.5 Geração de tensão

Diagrama de casos de uso

Para receber o sinal digital com ondulações, o conversor MOSFET é utilizado para filtrar as ondulações e produzir sinais digitais purificados. O MOSFET funciona variando eletronicamente a largura de um canal ao longo do qual fluem os portadores de carga (electrões ou buracos). O MOSFET é capaz de controlar a tensão e o fluxo de corrente entre a fonte e o dreno. O conversor MOSFET é utilizado para produzir os sinais digitais purificados sem ondulações.

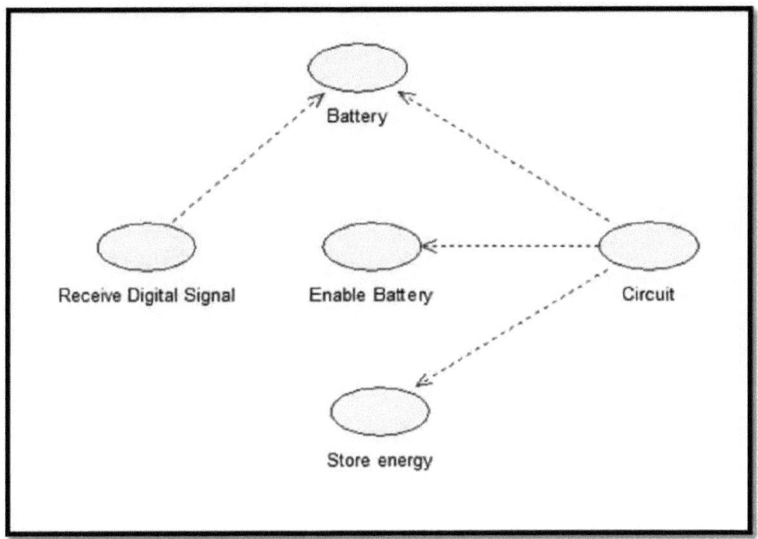

Fig 4.3.5 Processo de geração de tensão

4.3.6 Gestão do armazenamento

Diagrama de casos de uso

Os sinais digitais purificados serão produzidos pelo conversor MOSFET sob a forma de volts. Os volts são armazenados numa bateria e funcionam a partir daí. Caso contrário, os volts são utilizados no LCD para visualizar os volts. O ecrã LCD mostra o nível de volts gerado pela pessoa em cada movimento.

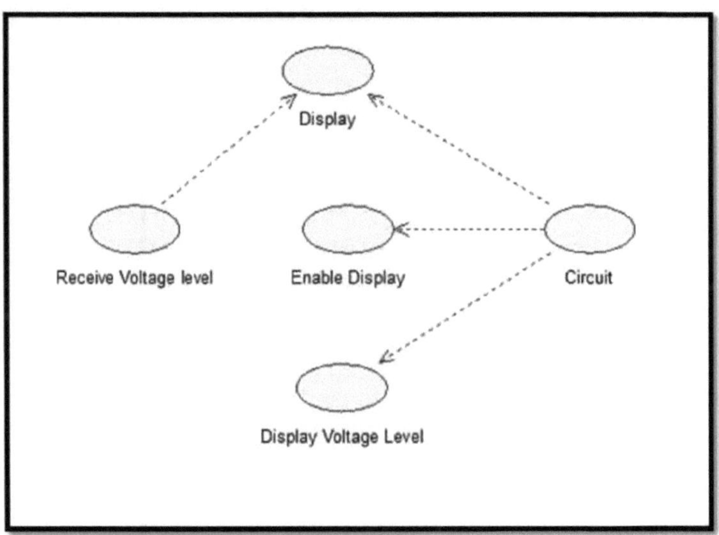

Fig 4.3.6 Processo de gestão do armazenamento

4.4 CONCEPÇÃO DO ALGORITMO

Entrada: Pedido de consulta do utilizador

Resultados: Dados relevantes

Passo 1: A pessoa envia o movimento do dedo como entrada.

Passo 2: Após a recolha da entrada, receber os valores do acelerómetro de 3 eixos.

Passo 3: Receber os valores, o sinal analógico será produzido utilizando o circuito de deteção de potência.

Passo 4: Depois de produzir o sinal analógico, é utilizado o conversor analógico-digital.

Passo 5: O conversor analógico-digital é utilizado para converter o sinal analógico em digital com ondulações.

Passo 6: Receber o sinal digital com ondulações, deve ser gerada uma onda quadrada e deve ser utilizado um conversor MOSFET.

Passo 7: A onda quadrada é utilizada para acionar o conversor MOSFET.

Passo 8: O conversor MOSFET é utilizado para filtrar as ondulações e produzir o sinal digital purificado com o apoio do microcontrolador PIC16F877A.

Passo 9: Depois de receber o sinal digital purificado, o sinal digital é armazenado na bateria.

Passo 10: O nível do sinal digital será apresentado no ecrã LCD.

Passo 11: Se a bateria estiver cheia, enviar o sinal digital para o controlador devido ao objetivo do ecrã LCD.

Passo 12: O nível de tensão será visualizado no ecrã LCD após cada movimento do dedo.

CAPÍTULO 5

DESCRIÇÃO DOS MÓDULOS

O projeto foi implementado no âmbito dos seguintes módulos:

- Geração de dados de entrada
- Geração de sinais analógicos
- Geração de onda quadrada
- Geração de sinais digitais
- Geração de tensão
- Gestão de armazenamento

5.1 GERAÇÃO DE DADOS DE ENTRADA:

Um acelerómetro é um dispositivo eletromecânico que mede as forças de aceleração. Estas forças podem ser estáticas, como a força constante da gravidade a puxar os seus pés, ou podem ser dinâmicas - causadas pelo movimento ou vibração do acelerómetro. Os acelerómetros de 3 eixos são os mais convenientes de utilizar e dão-nos a flexibilidade de utilizar todos os 3 eixos espaciais, *nomeadamente* o eixo x, o eixo y e o eixo z. O acelerómetro requer uma entrada de 5VDC e uma entrada de terra, e produz uma tensão analógica de 0 a 3,3 Volts para cada eixo, X, Y e Z

O acelerómetro de 3 eixos é responsável pela deteção dos eixos X, Y e Z através dos movimentos dos dedos. As direcções de deteção dos três eixos são altamente ortogonais e têm pouca sensibilidade entre eixos. Os movimentos impostos pelo utilizador através do movimento da mão e da comutação da luz são processados pelo software dedicado e convertidos nas instruções lógicas correspondentes para o microcontrolador.

5.2 GERAÇÃO DE SINAIS ANALÓGICOS:

Ao receber os movimentos, a modulação por largura de pulso (PWM) é um método de alterar a duração de um pulso em relação à entrada. O ciclo de trabalho de uma onda quadrada é modulado para codificar um nível de sinal analógico específico. A modulação por largura de impulsos (PWM) é uma técnica comummente utilizada para controlar a potência de dispositivos eléctricos inerciais, tornada prática pelos modernos comutadores electrónicos de potência. O valor médio da tensão (e da corrente) fornecida à carga é controlado ligando e desligando o interrutor entre a alimentação e a carga a um ritmo rápido.

A geração de PWM é efectuada com o microcontrolador PIC16F877A. Um PWM tem uma série de impulsos com uma largura de impulso variável. Os movimentos impostos pelo utilizador através do movimento da mão são gerados pelo sinal analógico com a ajuda do microcontrolador PIC.

5.3 GERAÇÃO DE ONDAS QUADRADAS:

A onda quadrada é o caso especial da onda retangular. O gerador de onda quadrada é como um circuito de disparo Schmitt em que a tensão de referência para o comparador depende da tensão de saída. Ao produzir sinais de relógio ou de temporização, este multivibrador estável produz uma forma de onda geradora de onda quadrada que alterna entre ALTO e BAIXO.

Os movimentos impostos pelo utilizador através do movimento da mão são gerados pelo sinal de onda quadrada com a ajuda do microcontrolador PIC. As ondas quadradas podem ser enviadas para o conversor digital.

5.4 GERAÇÃO DE SINAIS DIGITAIS:

Receber o sinal analógico sob a forma de onda quadrada, o conversor de sinal digital é utilizado para converter o sinal analógico em sinal digital com ondulações. Os osciloscópios são utilizados para observar a alteração de um sinal elétrico ao longo do tempo, de modo a que a tensão e o tempo descrevam uma forma que é continuamente representada graficamente numa escala calibrada. A forma de onda observada pode ser analisada relativamente a propriedades como amplitude, frequência, tempo de subida, intervalo de tempo, distorção e outras.

Um conversor analógico-digital (ADC, A/D ou A a D) é um dispositivo que converte uma quantidade física contínua (normalmente tensão) num número digital que representa a amplitude da quantidade. Um ADC também pode fornecer uma medição isolada, como um dispositivo eletrónico que converte uma tensão ou corrente analógica de entrada num número digital proporcional à magnitude da tensão ou corrente. Um ADC fornece o sinal digital com ondulações.

5.5 GERAÇÃO DE TENSÃO:

Para receber o sinal digital com ondulações, o conversor MOSFET é utilizado para filtrar as ondulações e produzir sinais digitais purificados. O MOSFET funciona variando eletronicamente a largura de um canal ao longo do qual fluem os portadores de carga (electrões ou buracos). Os portadores de carga entram no canal na fonte e saem pelo dreno. O MOSFET pode funcionar de duas formas, tais como o modo de deflexão e o modo de melhoramento.

No modo de deflexão, não há tensão na porta, o canal apresenta a sua condutância máxima. À medida que a tensão na porta é positiva ou negativa, a condutividade do canal diminui. No modo de reforço, não há tensão na porta, o dispositivo não conduz e quanto maior for a tensão na porta, melhor o dispositivo pode conduzir. O MOSFET é capaz de controlar a tensão e o fluxo de corrente entre a fonte e o dreno. Funciona quase como um interrutor.

5.6 GESTÃO DA ARMAZENAGEM:

Os sinais digitais purificados serão produzidos pelo conversor MOSFET sob a forma de volts. Os volts serão armazenados numa bateria e funcionarão a partir daí. Caso contrário, os volts são utilizados no LCD para visualizar os volts. O ecrã LCD mostra o nível de volts gerado pela pessoa em cada movimento.

CAPÍTULO 6

DIAGRAMA DO CIRCUITO

O modelo EHSM (Energy Harvesting Storage and maintenance) é utilizado para gerar um elevado nível de energia com baixo custo. O circuito do EHSM é constituído por vários componentes, como o microcontrolador, o acelerómetro de 3 eixos, o sensor piezoelétrico, o circuito de deteção de energia, o conversor analógico-digital, o gerador de ondas quadradas e o conversor MOSFET. Todos os dispositivos estão ligados ao microcontrolador e dão a saída através do microcontrolador com o apoio de vários componentes.

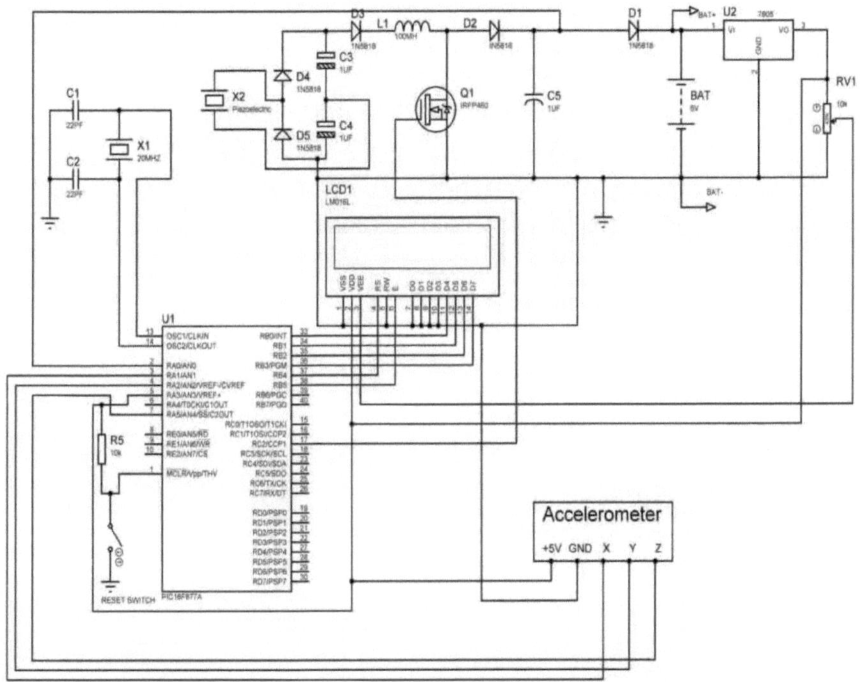

Figura 6.1 Diagrama do circuito do modelo EHSM

6.1 LCD (ecrã de cristais líquidos)

O ecrã LCD (Liquid Crystal Display) é um módulo de visualização eletrónico que tem uma vasta gama de aplicações. Um ecrã LCD 16x2 é um módulo muito básico e é muito utilizado em vários dispositivos e circuitos. Estes módulos são preferidos aos de sete segmentos e a outros LED de vários segmentos. As razões são as seguintes: Os LCDs são económicos;

facilmente programáveis; não têm qualquer limitação de apresentação de caracteres especiais e até personalizados (ao contrário dos sete segmentos), animações e assim por diante.

Um LCD 16x2 significa que pode apresentar 16 caracteres por linha e existem 2 linhas deste tipo. Neste LCD, cada carácter é apresentado numa matriz de 5x7 pixels. Este LCD tem dois registos, nomeadamente, Comando e Dados.

O registo de comando armazena as instruções de comando dadas ao LCD. Um comando é uma instrução dada ao LCD para realizar uma tarefa predefinida, como inicializá-lo, limpar o ecrã, definir a posição do cursor, controlar o ecrã, etc. O registo de dados armazena os dados a serem apresentados no LCD. Os dados são o valor ASCII do carácter a ser apresentado no LCD.

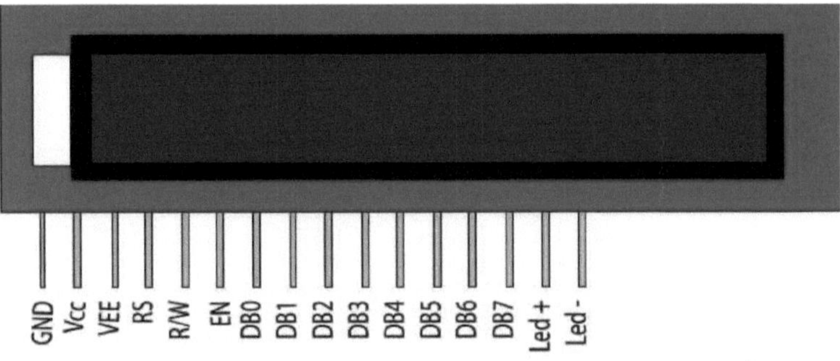

Figura 6.1.1 Diagrama PIN para LCD

As funções do LCD são as seguintes

RS - Funções de seleção de registo

Existem 2 registos muito importantes no LCD

- > Registo do código de comando
- > Registo de dados

Se

RS=0 → Comando de instrução O registo do código está selecionado, permitindo ao utilizador enviar um comando

RS=1 → O registo de dados é selecionado para permitir o envio de dados que devem ser visualizados.

RVW- LeituraVWrite

A entrada R\W permite ao utilizador escrever informações no LCD ou ler informações do mesmo. Os dados que estão a ser apresentados no momento serão armazenados numa memória intermédia DDRAM. Estes dados podem ser lidos se necessário.

Se

R\W=0 → Leitura

R\W=1 → Escrita

E- Ativar

O pino de ativação é utilizado pelo LCD para bloquear informações nos seus pinos de dados. Quando os dados são fornecidos aos pinos de dados, deve ser aplicado um impulso de alto a baixo a este pino para que o LCD bloqueie os dados presentes nos pinos de dados.

6.2 Microcontrolador PIC 16F877A

Este potente microcontrolador, mas fácil de programar (apenas 35 instruções de palavra única), baseado em CMOS FLASH de 8 bits, inclui a potente arquitetura PIC® da Microchip numa embalagem de 40 ou 44 pinos e é compatível com os dispositivos PIC16C5X, PIC12CXXX e PIC16C7X. O PIC16F877A possui 256 bytes de memória de dados EEPROM, autoprogramação, um ICD, 2 comparadores, 8 canais de conversor analógico-digital (A/D) de 10 bits, 2 funções de captura/comparação/PWM, a porta de série síncrona pode ser configurada como Interface Periférica de Série de 3 fios (SPI™) ou como barramento de Circuito Interintegrado de 2 fios (I^2 C™) e um Transmissor Recetor Assíncrono Universal (USART). Todas estas caraterísticas tornam-no ideal para aplicações A/D de nível mais avançado em aplicações automóveis, industriais, de electrodomésticos e de consumo.

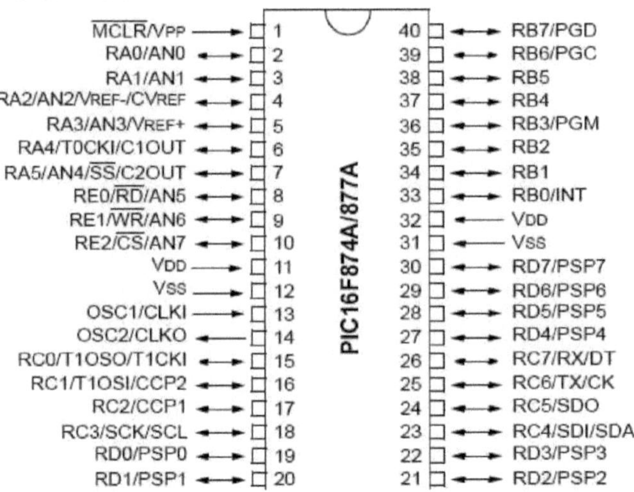

Figura 6.1.2 Diagrama PIN para o microcontrolador PIC 16F877A

6.3 ACELERÓMETRO DE 3 EIXOS:

O acelerómetro de 3 eixos é responsável pela deteção dos valores dos eixos X, Y e Z através dos movimentos dos dedos. As direcções de deteção dos três eixos são altamente ortogonais e têm pouca sensibilidade entre eixos.

O acelerómetro (ADXL335) é um acelerómetro de 3 eixos, pequeno, fino, de baixa potência e completo, com saídas de tensão condicionadas por sinal. O produto mede a aceleração com um intervalo mínimo de escala completa de ±3 *g*. Pode medir a aceleração estática da gravidade em aplicações de deteção de inclinação, bem como a aceleração dinâmica resultante de movimento, choque ou vibração.

O utilizador seleciona a largura de banda do acelerómetro utilizando os condensadores CX, CY e CZ nos pinos XOUT, YOUT e ZOUT. As larguras de banda podem ser selecionadas de acordo com a aplicação, com uma gama de 0,5 Hz a 1600 Hz para os eixos X e Y, e uma gama de 0,5 Hz a 550 Hz para o eixo Z. O ADXL335 está disponível num pequeno encapsulamento de baixo perfil, 4 mm × 4 mm × 1,45 mm, de 16 fios, com estrutura de chumbo de plástico e escala de chip (LFCSP_LQ).

O acelerómetro utiliza uma estrutura única para a deteção dos eixos X, Y e Z. Como resultado, as direcções de deteção dos três eixos são altamente ortogonais e têm pouca sensibilidade entre eixos. O acelerómetro tem disposições para limitar a banda nos pinos XOUT, YOUT e ZOUT. Devem ser adicionados condensadores a estes pinos para implementar a filtragem passa-baixo para antialiasing e redução de ruído.

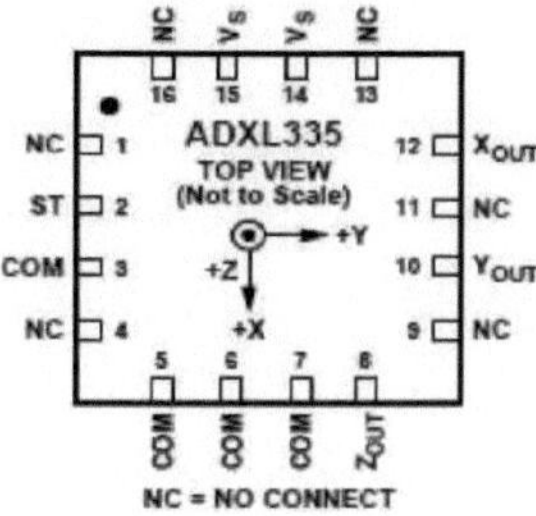

Figura 6.1.3 Diagrama PIN para o Acelerómetro ADXL335

6.4 SENSOR PIEZOELÉCTRICO:

Um sensor piezoelétrico é um dispositivo que utiliza o efeito piezoelétrico para medir alterações no movimento, pressão, aceleração, temperatura, deformação ou força, convertendo-as num sinal analógico.

O efeito piezoelétrico direto consiste no facto de estes materiais, quando sujeitos a uma tensão mecânica, gerarem uma carga eléctrica proporcional a essa tensão. O efeito piezoelétrico inverso consiste no facto de estes materiais ficarem deformados quando é aplicado um campo elétrico, sendo a deformação novamente proporcional ao campo aplicado.

Sensor piezoelétrico, que gera energia a partir dos movimentos dos dedos com a ajuda de um microcontrolador. O sensor piezoelétrico é um tipo de sensor eletrostático que converte em energia as cargas eléctricas produzidas por algumas formas de materiais sólidos. A palavra "piezoelétrico" significa literalmente eletricidade causada por pressão e vibração.

6.5 CONVERSOR ANALÓGICO-DIGITAL:

Os sinais digitais purificados serão produzidos pelo conversor MOSFET sob a forma de volts. Os volts serão armazenados numa bateria e funcionarão a partir daí. Caso contrário, os volts são utilizados no LCD para visualizar os volts. O ecrã LCD mostra o nível de volts gerado pela pessoa em cada movimento.

Um conversor analógico-digital (ADC, A/D ou A a D) é um dispositivo que converte uma quantidade física contínua (normalmente tensão) num número digital que representa a amplitude da quantidade.

A conversão envolve a quantização da entrada, o ADC efectua a conversão periodicamente, amostrando a entrada. O resultado é uma sequência de valores digitais que foram convertidos de um sinal analógico de tempo contínuo e amplitude contínua para um sinal digital de tempo discreto e amplitude discreta.

Os ADCs convertem um sinal analógico de entrada num código digital de saída. As medições do ADC desviam-se do ideal devido a variações no processo de fabrico comum a todos os circuitos integrados (IC) e através de várias fontes de imprecisão no processo de conversão analógico-digital. As especificações de desempenho do ADC quantificarão os erros que são causados pelo próprio ADC.

O ADC fornece o sinal digital com ondulações. O sinal digital com ondulações é enviado para o conversor MOSFET. Um conversor analógico-digital pode também efetuar a conversão da tensão analógica de entrada num número digital proporcional à magnitude da tensão.

6.6 CONVERSOR MOSFET:

O conversor MOSFET é utilizado para purificar as ondulações e produzir sinais digitais. Os sinais digitais purificados serão produzidos pelo conversor MOSFET sob a forma de volts. Os volts serão armazenados numa bateria e funcionarão a partir daí. Caso contrário, os volts são utilizados no ecrã LCD para visualizar os volts. O ecrã LCD apresenta o nível de volts gerado pela pessoa em cada movimento.

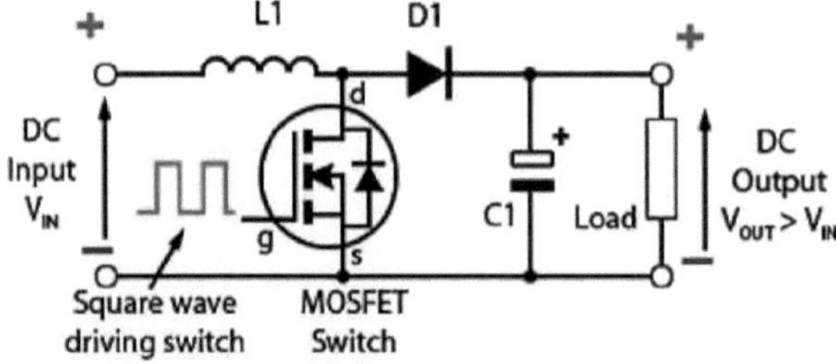

Figura 6.1.4 Diagrama PIN para conversor MOSFET

A entrada de corrente contínua para um conversor de corrente contínua pode ser proveniente de muitas fontes, bem como de baterias, tais como corrente alternada rectificada da rede eléctrica, ou corrente contínua de painéis solares, células de combustível, dínamos e geradores de corrente contínua. O conversor CC é diferente do conversor Buck na medida em que a sua tensão de saída é igual ou superior à sua tensão de entrada. É importante lembrar que, como potência (P) = tensão (V) x corrente (I), se a tensão de saída for aumentada, a corrente de saída disponível deve diminuir.

A Fig. 6.1.4 ilustra o circuito básico de um conversor Boost. No entanto, neste exemplo o transístor de comutação é um MOSFET de potência, tanto os transístores de potência bipolares como os MOSFETs são utilizados na comutação de potência, sendo a escolha determinada pela corrente, tensão, velocidade de comutação e considerações de custo. O resto dos componentes são os mesmos que os utilizados no conversor buck, exceto que as suas posições foram reorganizadas.

CAPÍTULO 7

RESULTADOS E DISCUSSÃO

O sistema demonstra a aplicabilidade da recolha de energia do acelerómetro de 3 eixos em HMIs, reduzindo o consumo de energia com componentes pequenos, compactos e integrados. O protótipo de HMI que foi fabricado apresentou propriedades apreciáveis, tais como comunicação sem fios, elevado conforto de utilização e baixa resistência ao movimento dos dedos, e tempos de descarga da bateria mais longos e/ou baterias mais pequenas devido ao sistema de recolha de energia. Os sensores piezoeléctricos integrados e o circuito miniaturizado de nivelamento de retificação proporcionaram um ciclo de funcionamento de aproximadamente 147,5 ao dispositivo.

A tensão gerada pelo captador de energia tem uma forma aleatória; a ponte de díodos fornece a primeira retificação da tensão, e o condensador seguinte nivela a tensão no valor desejado. A tabela 7.1 descreve os níveis de tensão por dedo com base na tensão acumulada.

S.N.	Número de dedos	Nível de tensão (mV)	Acumulado Nível de tensão (mV)
1	1	2.5	2.5
2	2	3.0	5.5
3	3	4.5	10.0
4	4	5.5	15.5

7.1 Nível de tensão acumulada para os dedos

O desempenho e a tensão de alto nível foram alcançados para uma produção eficiente de energia. A geração de tensão de alto nível pode ser alargada até 6 volts de acordo com o movimento da interface homem-máquina através dos movimentos dos dedos da mão. O gráfico 7.2 apresenta em pormenor a comparação do nível de tensão com o sistema existente.

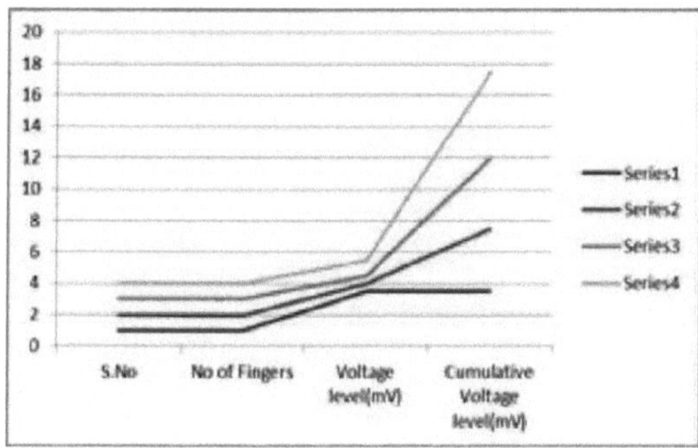

Fig 7.2 Nível de tensão cumulativa crescente

CAPÍTULO 8

ENSAIOS

8.1 ENSAIO DE UNIDADE

Tabela 8.1 Casos de teste

S.NO	Teste Caso	Teste Descrição	Teste Procedimento	Teste Entrada	Resultado esperado	Resultado efetivo
1	S101	Criar o kit Microcontrol 1er com base	Tomar os valores aproximados dos eixos	Valores dos eixos :3	Para visualizar os valores dos eixos por dedo	Para visualizar os valores dos 3 eixos
2	S102	Selecionar os valores dos 3 eixos e atribuir	Selecionar os valores	Modificar o movimento dos dedos	Os movimentos modificados são atribuídos como	Para visualizar os valores dos eixos
3	S103	Criar o sinal analógico.	Gerar o sinal analógico através de	Sinal analógico	Sinal analógico a ser gerado.	Sinal analógico a ser gerado.
4	S104	Criar o quadrado	Gerar a onda quadrada.	Quadrado sinal de onda	Onda quadrada a ser	Onda quadrada a ser
5	S105	Criar o Sinal digital.	Gerar o sinal digital através de DC	Sinal digital com ondulações	Sinal digital com ondulações a serem geradas.	Sinal digital com ondulações a serem geradas.
6	S106	Sinal digital a ser armazenado.	Filtrar as ondulações.	Sinal digital purificado	Sinal digital a ser armazenado.	Sinal digital a ser armazenado.

8.2 REGISTO DE CASOS DE TESTE

Tabela 8.2 Registo de casos de teste

S.NO	ID DO TESTE	DESCRIÇÃO DO TESTE	ESTADO DO TESTE
1	S101	Criar um circuito ligado a vários dispositivos.	APROVADO
2	S102	Selecionar o microcontrolador.	APROVADO
3	S103	Criar o sinal analógico.	APROVADO
4	S104	Crie a onda quadrada.	APROVADO
5	S105	Gerar sinal digital.	APROVADO
6	S106	Armazena o sinal digital.	APROVADO

Os 6 casos de teste acima referidos foram testados através de testes unitários e os resultados mostraram que todos os casos de teste testados foram bem sucedidos.

CAPÍTULO 9

MANUAL DO UTILIZADOR

Visão geral

O Proteus 8 é um software que é utilizado para implementar a simulação. O manual do utilizador sobre como utilizar o Proteus 8 é apresentado abaixo.

Etapas de execução do projeto

Passo 1:

Descarregue o software Proteus 8 a partir de neurph.sourceforge.net. As versões mais recentes estão disponíveis neste sítio Web.

Passo 2:

Para instalar o Proteus 8, o sistema deve ter a linguagem de programação Embedded C.

Passo 3:

Após a instalação bem sucedida, abra o proteus e crie o novo projeto.

Passo 4:

Criar um novo assistente de formação de projeto no novo projeto com a extensão pdsprj.

Passo 5:

Após a criação bem sucedida, selecione os dispositivos que pretende, como o microcontrolador, o LCD, etc.

Passo 6:

Depois de selecionar o componente do microcontrolador, os outros dispositivos serão ligados e o código será importado para o microcontrolador.

Passo 7:

Vários componentes, como o acelerómetro de 3 eixos e o sensor piezoelétrico, serão ligados ao microcontrolador e fornecerão os valores de 3 eixos como x, y, z através dos movimentos dos dedos da mão e do sinal analógico como entrada.

Passo 8:

Receber o sinal analógico, o gerador de ondas quadradas é utilizado para gerar ondas quadradas sob a forma de ondas.

Passo 9:

Receber o sinal analógico, o conversor analógico-digital converte o sinal analógico em digital com ondulações.

Passo 10:

O conversor MOSFET é utilizado para filtrar as ondulações e fornecer os sinais digitais puros sob a forma de volts.

Passo 11:

O sinal digital puro na forma de volts é armazenado na bateria.

Passo 12:

O nível do sinal de tensão será apresentado no ecrã LCD de acordo com os movimentos dos dedos da mão.

CAPÍTULO 10

CONCLUSÃO

O sistema demonstra a aplicabilidade da recolha de energia do acelerómetro de 3 eixos em HMIs, reduzindo o consumo de energia com componentes pequenos, compactos e integrados. O protótipo de HMI que foi fabricado apresentou propriedades apreciáveis, tais como comunicação sem fios, elevado conforto de utilização e baixa resistência ao movimento dos dedos, e tempos de descarga da bateria mais longos e/ou baterias mais pequenas devido ao sistema de recolha de energia. Os sensores piezoeléctricos integrados e os circuitos miniaturizados de nivelamento de retificação proporcionaram ao dispositivo um ciclo de funcionamento de aproximadamente 147,5. O desempenho e a tensão de alto nível foram alcançados para a geração eficiente de energia. A geração de tensão de alto nível pode ser alargada até 6 volts de acordo com o movimento da interface homem-máquina através do dedo da mão.

CAPÍTULO 11

FUTURAS MELHORIAS

A melhoria futura pode ser alargada considerando um nível de tensão a ser armazenado na bateria ou redistribuído para o LCD através do microcontrolador. O nível de energia será elevado, mas o custo de produção de energia será baixo no futuro. O nível de energia será aumentado até 9 volts de acordo com o movimento do dedo da mão no modelo.

REFERÊNCIAS

1. Giorgio De Pasquale, Sang-Gook Kim, Daniele De Pasquale (2015) "GoldFinger: Interface homem-máquina sem fios com software dedicado e sistema biomecânico de recolha de energia" IEEE/ASME Transactions on Mechatronics, vol. PP, Issue No: 99

2. Xuejun Zheng, Zhixiong Zhang, Yuankun Zhu, Jingling Mei, Shutao Peng, Lei Li e Yuangen Yu (2015) "Análise do desempenho da colheita de energia para o bimorfo piezoelétrico do modo *d15* em conexão em série com base no modelo de viga Timoshenko" IEEE / ASME Transactions on Mechatronics, vol. 20, no. 2

3. Véronique Kuhn, Cyril Lahuec, Fabrice Seguin, e Christian Person, Membro, IEEE (2015) "Um coletor de energia RF empilhado multibanda com eficiência RF- to-DC de até 84%" IEEE Transactions on microwave theory and techniques, VOL. 63, NO. 5

4. M. F. Lumentut e I. M. Howard (2014) "Electromechanical piezoelectric power harvester frequency response modelling using closed-form boundary value methods," IEEE/ASME Trans. Mech, vol. 19, no. 1, pp. 32-44.

5. Haifeng Zhang e Karim Afzalul (2014) "Design and Analysis of a Connected Broadband Multi-Piezoelectric-Bimorph-Beam Energy Harvester "IEEE Transactions on Ultrasonics, Ferroelectrics, and Frequency Control, vol. 61, no. 6

6. Farbod Khameneifar, Siamak Arzanpour, e Mehrdad Moallem (2013) "A Piezoelectric Energy Harvester for Rotary Motion Applications: Design and Experiments "IEEE/ASME Transactions on Mechatronics, vol. 18,no.5

7. J. Liang e W. H. Liao (2012), "Impedance modelling and analysis for piezoelectric energy harvesting systems," IEEE-ASME T. Mech., vol. 17, no. 6, pp. 1145-1157.

8. Adam M. Wickenheiser, Membro, IEEE, Timothy Riesman, Membro, IEEE, Wen-Jong Wu, Membro, IEEE, e Ephraim Garcia H. Xue, Y.-T. Hu, e H.-P. Hu (2010) "Modeling the Effects of Electromechanical Coupling on Energy Storage Through piezoelectric Energy Harvesting" IEEE/ASME Transactions on Mechatronics, vol. 15, no. 3, junho de 2010

9. Meiling Zhu, Membro, IEEE, Emma Worthington, e Ashutosh Tiwari, Membro, IEEE (2010) "Design Study of Piezoelectric Energy- Harvesting Devices for Generation of Higher Electrical Power Using a Coupled Piezoelectric-Circuit Finite Element Method" IEEE Transactions on Ultrasonics, Ferroelectrics, and Frequency Control, vol. 57, no. 2,

10. Laura Dipietro, Angelo M. Sabatini, Senior Member, IEEE, e Paolo Dario, Fellow, IEEE(2008) A Survey of Glove-Based Systems and Their Applications IEEE Transactions on systems, man, and cybernetics-part c: applications and reviews, vol. 38, no. 4.

11. Kai-Uwe Doerr, Membro, IEEE, Holger Rademacher, Silke Huesgen e Wolfgang Kubbat(2007) "Evaluation of a Low-Cost 3D Sound System for Immersive Virtual Reality Training Systems" IEEE Transactions on visualization and computer graphics, vol. 13, no. 2.

12. G. C. Burdea, P. L. T. Weiss, D. Thalmann, (2007) "Guest editorial special theme on virtual rehabilitation," IEEE Trans. Natural Syst. Rehabil. Eng., vol. 15, no. 1.

13. F. Lorussi, E. Scilingo, M. Tesconi, A. Tognetti, e D. De Rossi,(2005) "Strain sensing fabric for hand posture and gesture monitoring," IEEE Trans.Inf. Technol. Biomed., vol. 9, no. 3, pp. 372-381.

14. Geffrey K. Ottman, Membro, IEEE, Heath F. Hofmann, Membro, IEEE, e George A.Lesieutre(2003) "Optimized Piezoelectric Energy Harvesting Circuit Using Step-Down Converter in Discontinuous Conduction Mode" IEEE Transactions on Power electronics,vol.18,no. 2.

15. Robert Rosenberg e Mel Slater (1999) "The Chording Glove: A GloveBased Text Input Device" IEEE Transactions on Systems, man, and Cybernetics-part c: Applications and reviews, vol. 29, no. 2.

16. N. Karlsson, B. Karlsson, P. Wide, (1998) "Uma luva equipada com um sensor de flexão dos dedos como gerador de comandos utilizado num sistema de controlo difuso", IEEE Trans. Instrum. Meas., vol. 47, no. 5, pp. 1330-1334.

17. M.Wickenheiser, T. Reissman, W.-J.Wu, e E. Garcia (2010), "Modeling the effects of electromechanical coupling on energy storage through piezoelectric energy harvesting," IEEE/ASME Trans. Mechatronics, vol. 15,no. 3, pp. 400411.

18. P.C.-P. Chao(2011), "Energy harvesting electronics for vibratory devices in self-powered sensors," IEEE Sensor J., vol. 11, no. 12, pp. 3106-3121.

19. G. K. Ottman, H. F. Hofmann, A. C. Bhatt, e G. A. Lesieutre,(2002) Adaptive piezoelectric energy harvesting circuit for wireless remote power supply, IEEE Trans. Power Electron, vol. 17, no. 5, pp. 669-676.

20. H. A. Sodano, D. J. Inman, e G. Park(2005), "Comparison of piezoelectric energy

harvesting devices for recharging batteries," J. Intell. Mater. Syst.Struct., vol. 16, pp. 799-807.

21. E. O. Torres e G. A. Rinc'on-Mora(2009), Protótipo de sistema CMOS de recolha de energia eletrostática e carregamento de baterias, IEEE Trans. Circuits Syst. I Reg. Papers, vol. 56, no. 9, pp. 1938-1948.

22. S. Almouahed, M. Gouriou, C. Hamitouche, E. Stindel, e C. Roux(2011), "A utilização de piezocerâmicas como colectores de energia eléctrica no implante instrumentado do joelho durante a marcha, "IEEE/ASME Transactions on Mechatronics, vol. 16, no. 5, pp. 799-807.

23. G. K. Ottman, H. F. Hofmann, A. C. Bhatt, e G. A. Lesieutre, "Adaptive piezoelectric energy harvesting circuit for wireless remote power supply, "IEEE Trans. Power Electron, vol. 17, no. 5, pp. 669-676, Sep. 2002.

24. H. A. Sodano, D. J. Inman, e G. Park, "Comparison of piezoelectric energy harvesting devices for recharging batteries," J. Intell. Mater. Syst.Struct., vol. 16, pp. 799-807, 2005.

25. J. M. Donelan, Q. Li, V. Naing, J. A. Hoffer, D. J. Weber, e A. D. Kuo, "Biomechanical energy harvesting: Geração de eletricidade durante a marcha com um esforço mínimo do utilizador", Science, vol. 319, no. 5864, pp. 807910, Feb. 2008

26. M. F. Lumentut e I. M. Howard, "Analytical modeling of self-powered electromechanical piezoelectric bimorph beams with multidirectional excitation," Int. J. Smart Nano Mater, vol. 2, no. 3, pp. 134-175, 2011.

27. M. Renaud, P. Fiorini, R. V. Schaijk, e C. V. Hoof, "Harvesting energy from the motion of human limbs: The design and analysis of an impact-based piezoelectric generator," SmartMater. Struct., vol. 18, no. 3, pp. 035001-1035001-16, Mar. 2009

28. H. A. Sodano, D. J. Inman, e G. Park, "A review of power harvesting from vibration using piezoelectric materials," Shock Vibration Dig., vol. 36, pp. 197-205, maio de 2004.

29. M. Guan e W. Liao, "On the efficiencies of piezoelectric energy harvesting circuits towards storage device voltages," Smart Mater. Struct., vol. 16, pp. 498-505, Mar. 2007.

30. D. Guyomar, A. Badel, E. Lefeuvre, e C. Richard, "Toward energy harvesting using active materials and conversion improvement by nonlinear processing," IEEE Trans. Ultrason, Ferroelectr, Freq. Control, vol. 52, no. 4, pp. 584-595, Abr. 2005.

IMAGENS DO ECRÃ

1. Acelerómetro de potência/3 eixos

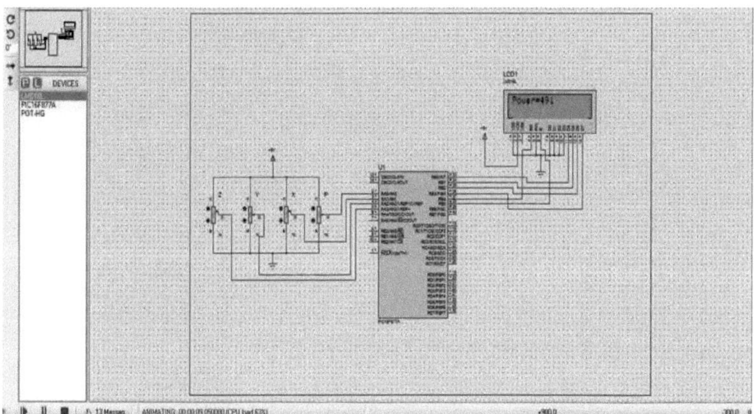

2. Valores de eixo/acelerómetro de eixo 3

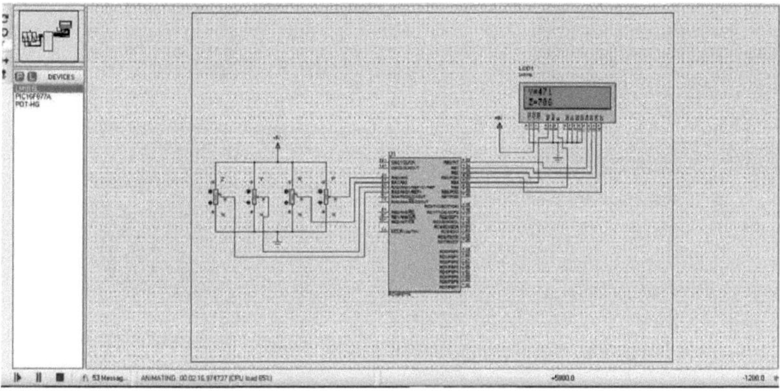

3. Geração de onda quadrada

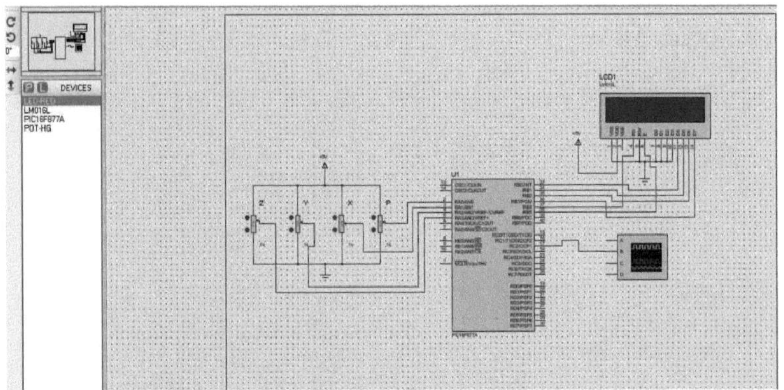

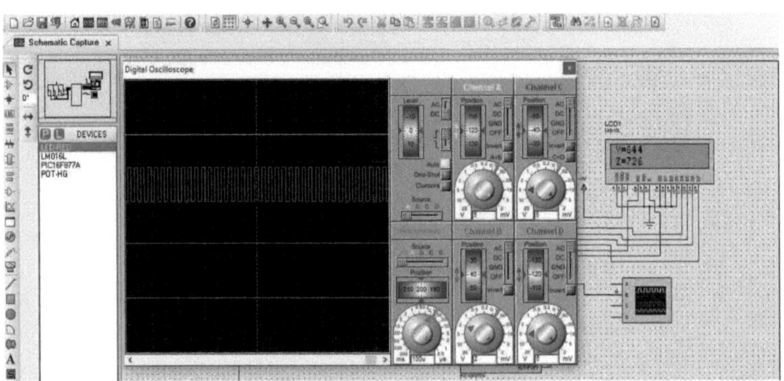

4. Geração de tensão

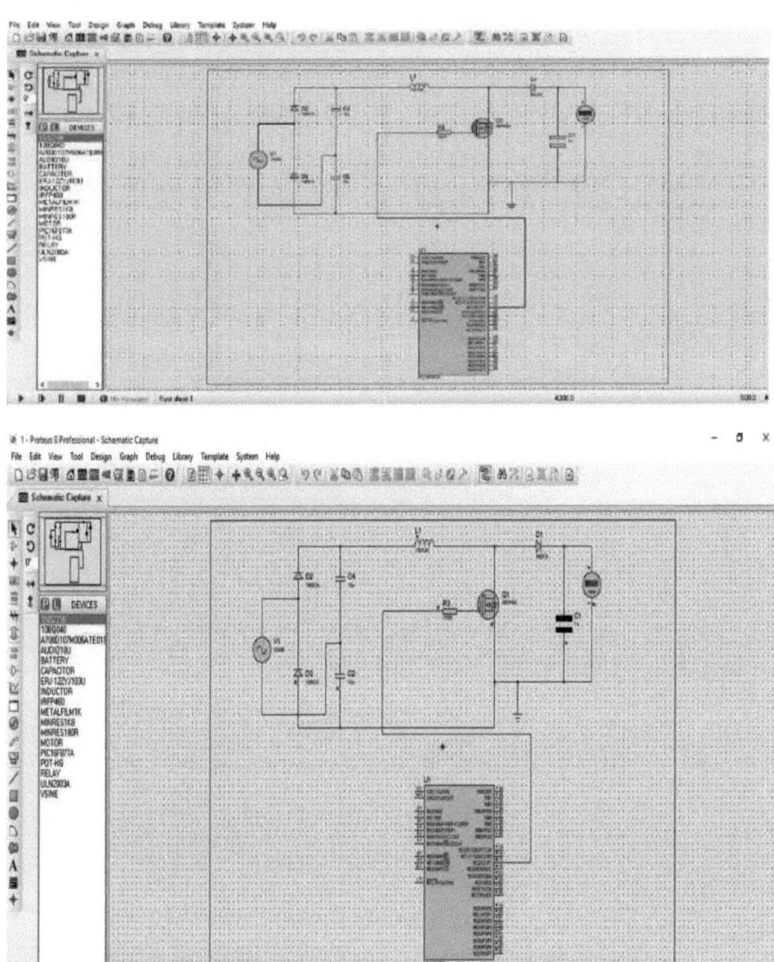

Printed by Books on Demand GmbH, Norderstedt / Germany